白藏房 民居营造技艺

成 斌 徐 声◎著

中国建材工业出版社

图书在版编目（CIP）数据

白藏房民居营造技艺 / 成斌，徐声著. -- 北京 ：中国建材工业出版社，2022.9

ISBN 978-7-5160-3556-6

Ⅰ. ①白… Ⅱ. ①成… ②徐… Ⅲ. ①藏族—民居—建筑艺术—甘孜藏族自治州 Ⅳ. ① TU241.5

中国版本图书馆 CIP 数据核字（2022）第 139501 号

内 容 简 介

白藏房民居是藏族民居建筑中独具一格的碉房，主要分布在四川省甘孜州乡城、稻城等县境内，是我国特色地域民居的重要组成部分之一，其聚落空间形态、单体平面组织布局、建筑结构体系都具有明显的地域特色。本书以整体性研究思路研究白藏房民居的特征，从历史源流、当地风俗及宗教信仰、外部表征、平面布局、结构体系、室内装饰装修等多个方面，阐述乡城白藏房外部特征内涵以及内部空间结构，并进行系统描述和记录，为本地区藏族民居的更新和既有建筑的改造提供工程技术参考。

白藏房民居营造技艺

Baizangfang Minju Yingzao Jiyi

成 斌 徐 声 著

出版发行：中国建材工业出版社

地 址：北京市海淀区三里河路 11 号

邮政编码：100831

经 销：全国各地新华书店

印 刷：北京印刷集团有限责任公司

开 本：710mm×1000mm 1/16

印 张：14.75

字 数：210 千字

版 次：2022 年 9 月第 1 版

印 次：2022 年 9 月第 1 次

定 价：78.00 元

本社网址：www.jccbs.com，微信公众号：zgjcgycbs

请选用正版图书，采购、销售盗版图书属违法行为

本书如有印装质量问题，由我社市场营销部负责调换，联系电话：(010) 57811386

前言

谈及藏族，多数人第一时间都会联想到西藏，宏伟壮丽的布达拉宫，络绎不绝的朝圣者，或净化心灵的草原美景。而随着社会历史的不断更迭，部分藏族由于种种原因远迁到了其他地区，分布在青海、甘肃、四川等地。这些迁移的藏族受到不同地区文化的影响，在生产方式、宗教习俗甚至建筑形式上也有所分化。而这些细微的分化和演变，却往往被忽略。从宏观上来讲，四川地区的藏族相较于西部藏族的关注度远远不够，甚至仍有很多人概念上认为四川地区藏族仅仅是行政边界的一种划分。其实不然，藏族在四川地区分化出的形式有很多种，其中包括康巴藏族、嘉绒藏族、白马藏族等，这些藏族在生活习俗和建筑形式上都有各自不同的特点。

为了探究四川藏族分化出的不同形式特征，作者多次前往甘孜藏族自治州乡城县深入调查。本书以四川甘孜藏族自治州的乡城县为代表，详细介绍了白藏房民居的特征以及营造技艺。通过现代科学的研究方法对白藏房民居进行了分析，介绍了白藏房民居建筑的生成背景、选址及分布特征、建筑单体特点、外部形态、建筑文化特色以及营造技艺等内容，系统地向人们展示了白藏房民居的内部构造、装饰艺术、木作技艺。

此外，在新时代背景下，白藏房民居也或多或少地受到了一些城镇化的影响，在形式构造以及功能布局上有所体现。尽管仍旧处于经济相对落后的四川西部地区，但随着交通的接入和运输方式的转变，一些现代化的建筑材料和技术也逐渐融入这片土地。尤其在这个快节奏的时代，更为高效的建造方式和技术在不断挑战传统建筑的营造技艺。在调研中，我们发现不少白藏房民居建筑在现代化生活的影响下被破坏，而住民们本身却并未意识到这个问题。

在人们不断追求经济和效率的今天，这些传统的建筑产物和营造技艺或许显得有些浪漫，其所蕴含的文化内涵也是中国传统文化中不可缺失的一部分，哪怕一小部分，也有记录其存在的价值。因此，我们在自己的专业能力范围内担任着记录此类非物质文化遗产的角色。当人们蓦然回首乡土建筑历史时候，能够留意这一抹白，而不是缺失的一片空白。相信这些纯白色的藏式民居建筑，也能够为建筑设计从业者提供一丝灵感，为历史遗产保护行业的从业者提供参考。

本书得到西南科技大学和国家民委（2020-GMH-018 项目）的共同赞助，在编著撰写过程中，研究生闫超和余杨在图片的编辑和图纸绘制中做了大量的工作，特此感谢！

成　斌

2022 年 6 月 15 日

白藏房民居营造技艺

目录

1　白藏房民居概述

我国地域辽阔，民族众多。五十六个民族的团结互助共同促成了中华民族悠久的历史文化。不同民族的人文环境造就了不同的民族传统文化，而不同的民族传统文化也同时衍生出不同的建筑形式。藏族作为五十六个民族中重要的一员，其独特的宗教信仰，对其建筑形态以及空间布局的影响颇为深刻。

白藏房民居是川西高原腹地一种典型的地域特色民居类型。顾名思义，是藏式民居类型的一种。因其形如碉堡，故又有“藏式白碉房”之称。碉最早记载于古籍《后汉书》中，称之为“邛笼”，李唐时期称之为“雕”，隋唐之后多称为“碉”。碉的出现是由于古代人们出于战争中防守的目的建造而成。但是随着时代的发展，建筑的形制和理念也在不断发生转变，以前用来防御的碉堡形制也逐渐融入了藏式的民居建筑之中。

白藏房的独特形制特征是在藏族人民长期的生产过程中慢慢积累起来的，并借由丰富的建筑实践经验发展而来。在康藏地区的建筑基础上，融合了纳西族、汉族等民族建筑艺术特点，最后才慢慢稳定形成自身独特的建筑体系和建筑风格。现主要散落在西南民族经济文化交流的茶马古道之上，并依仗其优美的自然环境和地理特征，形成川西文化交流走廊上一道独特亮丽的风景线。

1.1 白藏房民居的源与流

藏族主要分布在我国的青藏高原地带，以行政地区划分，包括西藏自治区、青海省的西南部、甘肃省南部，以及四川和云南的西北部。历史上将其划分为三大地理板块，即上半部分的阿里、中间部分的卫藏（如今的西藏自治区的大部分地区）、下半部分的朵康（今四川、青海、甘肃天祝大部分藏区），各部分的服饰如图 1-1 所示。而其中卫藏又可分为前藏和后藏，前藏主要包括拉萨市、那曲地区等，是西藏佛教格鲁派领袖之一达赖的“地盘”，是藏区政治、宗教，经济文化的中心。拉萨的布达拉宫、大昭寺、小昭寺闻名全国，是举行盛大法会、高僧辈出的地方。而后藏主要包括日喀则地区，是与达赖并称的班禅的“地盘”，日喀则有扎什伦布寺、桑耶寺等诸多主要寺庙，后藏地区的宗教兴盛，常常被称为“法域”。

卫藏地区

安多藏区

康巴藏区

图 1-1　不同藏区的服装差异

随着历史的车轮滚滚向前，现如今的四川藏区已成为全国除西藏藏区外的第二大藏区，与西藏藏区拥有同样古老的历史文化，早在秦代，靠近成都平原的东部松潘、九寨沟地区就已经归附于中原王朝，但因其处于中原王朝与边疆少数民族激烈争夺的前沿地带，所以又往往被看作“蛮夷之地”。地区的边界划分往往伴随着政权和势力的强弱更迭而左右倒戈。直到元代，四川藏区才全部被纳入中央王朝版图之中，元代为了有效统治该区域，开始册封了大量藏族的首领作为土司，用本地土人治理本地土人的方式来实行间接统治，同时也便于管理，又被称之为土司制度。明清时期继续沿用土司制度，不仅保留了归顺前朝的土司，而且在此基础上新册封了一大批土司。此外，清政府开始在土司制度相对成熟的地区开始逐步设置厅、州、县等正式行政区划，加强对四川藏区的统治。甘孜藏族大规模行政区划设置是从清朝末年开始的，当时的英俄开始渗入西藏并且觊觎四川地区的版图，企图以西藏为跳板直接入侵四川，为此派出了大量的传教士以考察的名义进入四川藏区活动。由于四川藏区与西藏毗邻并且属于同一民族，极易受到西藏的影响，这中间存在着帝国主义列强与清政府、西藏上层统治者与清政府等多重矛盾，在这种危急形势下，清政府最终采取“保川图藏”的措施。主要就是通过将土司制度改为清政府派任流官制度，以便于巩固边疆地区的社会稳定，进而实现国家统一的目的。清末年间开始，行政区划制度使藏区逐步向内地过渡，并形成了今天川西高原地区行政区划的雏形。此后从民国元年开始到中华人民共和国成立，四川藏区经历了多次行政区域的调整和变更，中华人民共和国成立之初，才逐渐稳定下来。现如今的四川藏区主要分为阿坝藏区和甘孜藏区。而白藏房民居建筑就位于甘孜藏区内，集中分布在甘孜藏区自治州行政区划内的乡城县及附属村落。

古时乡城为白狼羌族地域，唐代及元代都归属吐蕃，明代归属朵甘都司地城，明嘉靖三十三年，归属云南丽江木氏土司辖内，清代划分为理塘土司辖地；清光绪三十二年经历过“改土归流后”于清光绪三十四年建立并定为乡城县。民国二年，属于川边道，民国二十八年属于西康省第五正督察区。1950 年归属于西康省藏族自治区，1951 年正式更名为乡城县。1955 年，被划分到四川省甘孜藏族自治州，区位隶属于香巴拉镇。在藏语的含义中，香巴拉意思为神仙居住的地方。

1.2 白藏房民居的特色

白藏房作为乡城的人文三绝之一，在乡城的地域特色文化中有着举足轻重的地位，而乡城的藏民们将其称之为“白色藏房”或“白碉房”，与当地的佛寺、“疯装”一起构成了乡城藏族文化的“三绝”。在四川藏区中，民间流传有这样的说法：“卫藏的宫殿、康藏的民居、安多的帐篷。”而在康藏区的南部，乡城的白藏房又最具特色。因为其不仅与其他的藏族地区民居有着共性特征，而且还有自己的个性特点，一方面体现为建筑本体与功能材质构造与其他民居有部分趋同性，另一方面则体现在艺术形式方面的独特性。

这种独特性主要体现在如下几个方面。

（1）形态上的特色

首先是平面形态上的方正规整，在数千年来建筑漫长的发展变化过程中，衍生出各式各样的造型，但白藏房的形态仍然采用最古老的方正规整的平面形态（图 1-2）。这与其所处的地区自然环境有关，相较于造型丰富的各式建筑，方正的结构有利于提升建筑整体的稳定性。在实地调查过程中我们发现，即使是在平面形态上有所区分的白藏房，整体依然是方正平整的布局，并未发现任何其他异型白藏房民居，这一特征与不同风格且造型多样的传统汉族民居比起来尤为明显。

图 1-2　白藏房聚落（远景）

其次是立面墙体的收分，与普通的建筑墙体不同，白藏房墙体整体呈向上收分的形式，收分的角度不大，在 3° ～ 5° 之间。整体的造型表现为，底部面积较大，顶部面积较小，墙体剖面形状呈梯形。相较于普通墙体，梯形的稳定性要明显大于普通矩形，所以在方正的基础上设置梯形进一步提升了稳定性，对于抵御自然灾害，如地震、洪涝等具有一定的优势。

图 1-3 各式各样错落的退台形式（远景）

(a) “一”字形立面构图

(b) “L”字形立面构图

图 1-4 不同户型的立面构图

再次是错落的退台形式（图 1-3），由于生产方式的原因，以及高原的山地气候的影响，为了晾晒功能而产生的建筑退台也成了一大特色，不同的白藏房根据自身不同的平面而衍生出了不同的退台形式。在过去很长一段时间，藏民们主要采用农牧业相结合的生产方式，在丰收季节，居民们收割的大量农作物需要晾晒后才能储存，但高原的山地气候使得平地上的日照时间受到限制，居民们只能提高晾晒场地的高度，以便获得更长的晾晒时间，于是各种错落的退台形式便产生了。退台的诞生不仅便于居民们晾晒粮食，而且在寒冷的冬季，退台能有效地增加太阳直射时间，一定程度上提升了室内采光。

最后便是白藏房丰富的立面构图形式（图 1-4），这一特征在白藏房的立面形式中展现得淋漓尽致。门、窗以及屋顶檐口的精美搭配构成了白藏房的立面。收分的墙体作为立面构图的基底部分，窗、门、屋顶以及檐口的比例巧妙地缓解了白藏房略显笨重的姿态，远观甚至略显精巧。整体的颜色层次分明，着色鲜艳饱满，厚重的墙体上设置精致的窗户，由整齐的檐口进行横向的界定，再加上退台的错落，使得建筑整体的层次感更加凸显，全无方正厚重的单调。

（2）空间特色

外部形态的特征一目了然，而内在的空间分配同样是白藏房的一大特点。一般民居多以功能分布为主，而白藏房民居的空间分布有着明确的伦理等级关系（图 1-5）。这种空间分布的产生与当地的宗教文化以及社会人文环境有关。在白藏房分布最为集中的乡城地区，民居的空间划分由上到下的顺序分别是宗教（精神层面）、人居（生活层面）、牲畜（生产层面）三大层级。宗教信仰一直在藏区人民心目中占据着较高的地位，因此需要供奉的经堂设置在顶层，两层的白藏房则在二层单独设置一个房间专门用于供奉，避免与人居空间冲突。其次是满足人们日常生活需要的人居空间，一般设置在二层，为了满足采光以及通风的人居需求，往往二楼窗户设置数量也是最多的一层。最底层便是饲养牲畜以及堆放杂物的地方，随着当地经济水平的提高和生活条件的改善，饲养牲畜的生产方式逐渐被手工业及农业取代，因此底层的功能逐渐变为堆放杂物及堆放粮食等其他功能。

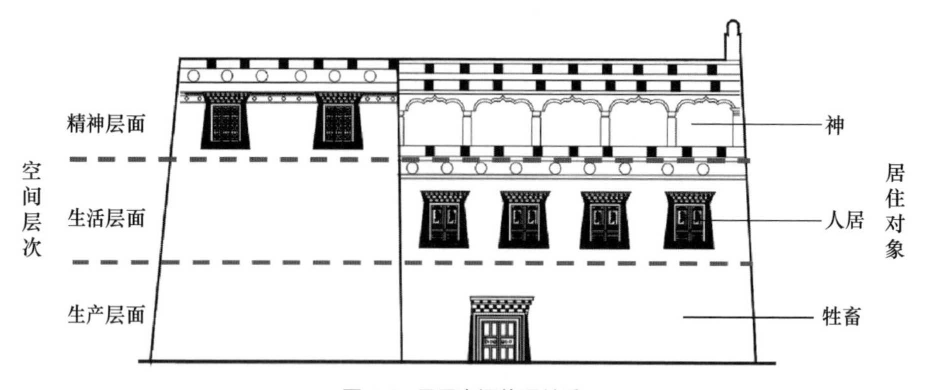

图 1-5　民居空间伦理关系

白藏房民居的空间不仅仅是指建筑主体的内部空间，还包括除建筑外的外部空间（图 1-6），这种分明的空间层次不仅体现在建筑内部，在外部空间（这里主要是指庭院）也有一定的规律。较大的庭院面积和相对传统的生活方式意味着功能庭院布局规划的丰富性。在庭院设置附属的生活用房是白藏房的一大特征，厕所以及洗澡间都设置在庭院而不是主体建筑内部。当地居民们的说法是，人体所产生的这些“污秽”会玷污主体建筑内神圣的经堂，所以人们都将厕所与盥洗间设置在外部空间。从这种外部空间的分配可以看出宗教思想观念对空间分配及生活方式的影响。另外，庭院还设置有堆料间、堆柴间，以储存冬季的牲畜食物和柴火，而部分生活转向现代化的藏民们还会设置车库等附属建筑。外部空间的布置不仅满足人们日常活动的需要，而且也是居住归属感和领地意识的一种体现。

图 1-6　白藏房外部空间典型布局

除了空间分配的不同之外，室内布置的柱网也是其一大特征（图 1-7），在实地探访过程中，我们发现，白藏房的柱头数量与家庭的经济实力以及白藏房建筑规模密切相关。其较大的平面面积以及传统的构筑方式决定了其密集的柱网形式。这种柱网布置形式有些类似于缩小版的框架结构，由于其楼板是木制架构与泥土混合制成的，楼板在结构上的承重有限，跨度不能过大，因此柱网分布得较为密集，柱子与柱子之间的间隔距离平均在 2 ～ 3 米，相较于框架结构，柱子的间隔距离较近。因此各个房间的内部空间大小完全可以通过柱头数量来进行控制，将限定空间内的柱子用木板进行分隔，以满足不同功能的需要，这种灵活的模块化设置是木制墙体特有的优势。

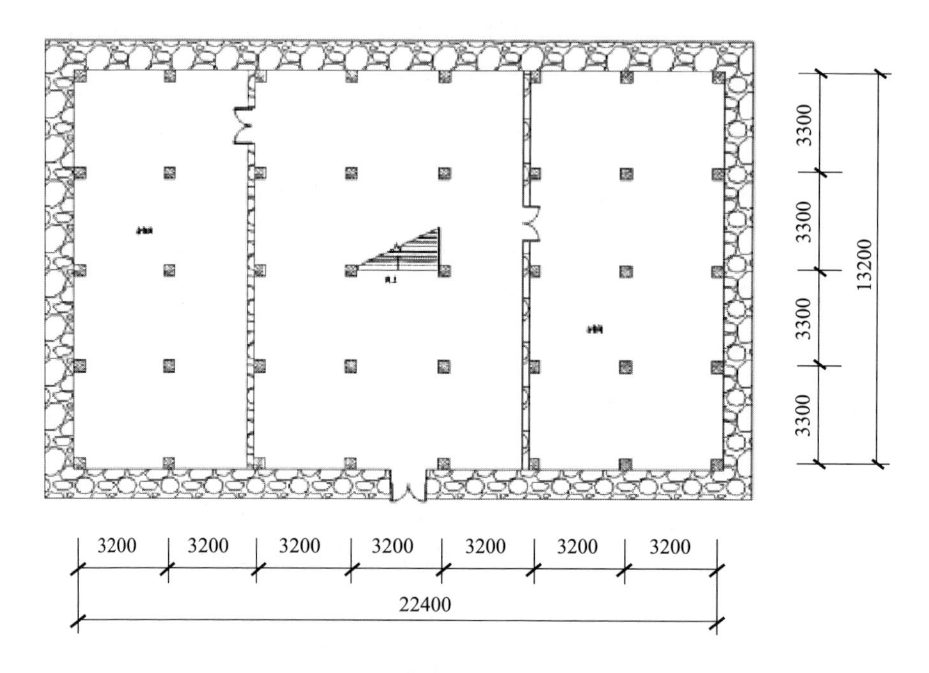

(a) 首层平面柱网分布图

(b) 内部空间柱网实摄（一）

(c) 内部空间柱网实摄（二）

图 1-7　内部空间柱网分布特征

(3) 装饰的特色

随着内部空间关系和层次的划分，白藏房内部空间的装饰也有所差异。

这种差异主要体现在神性空间的繁华装饰与人居空间及生产空间的对比上。当然，华丽的装饰也与各自不同内部空间柱网实摄的经济实力有一定的关系，经济富裕一些的家庭，对于神性空间（如经堂、厨房）的装饰更为讲究，甚至可以用奢侈来形容，而对于自身的人居环境也同样做了精美的装修。而相对贫困的家庭，则将主要的装修花费在神性空间上，对于人居环境装饰并无太高要求。至于最底层的牲畜层，没有任何装饰，连最基本的墙面装饰都舍弃，构造的结构裸露在外部。不同空间层次的装饰程度可参考表 1–1。

表 1–1　内部空间装饰

基本空间	房间名称	功能	装饰现状	装饰特征
生产空间	底层杂物间	堆放杂物农具及饲养牲畜		无任何装饰，空间层级较低及功能的限定，使得其并无装饰的必要
生活空间	卧室	睡觉休息		装修较为简单，仅仅是将墙面抹平，贴上简单的木地板供人行走，装饰近乎没有
	客厅	会客及休闲娱乐场所		由于客厅与厨房的位置靠近，与神性空间有一定的交流，因此装修精美，层次分明
	厨房	做饭		藏民信奉灶神，因此厨房是除经堂外装饰最讲究的地方，另外灶台还设有壁画，橱柜雕刻精美的花纹，厨具摆放次序整齐
宗教空间	经堂	供奉等宗教活动		整栋建筑等级最高且装饰最奢侈的地方，包含了壁画、浮雕、透雕等各种技法装饰，是内部空间最有特色的地方

以上几个方面是白藏房民居给人的表层特征，而白藏房民居具有的深层

特色还有许多暂未提及，仅从这几点表层特征上便可以看出乡城白藏房不同于其他藏族民居的一些明显特征，这些特点充分说明了为何白藏房在乡城文化中能够稳稳地占据一席之地。

1.3 本章小结

本章对乡城的特色民居——白藏房做了一个简略的概述，初步论述了白藏房所在的藏区位置，以及白藏房的发源地——乡城县的历史演变过程。并对白藏房几个相对具有特色的方面进行了简要的概述，以便于读者对白藏房有一个基本的认知，建立一个初步印象。总之，白藏房民居众多特色的形成并不是一蹴而就的，而是自然、文化、民族因素共同作用的结果，是不断变化发展中某一阶段的一种稳定的形态特征。

2　白藏房民居的生成环境

在某种程度上，任何地域文化都是在各自特殊的自然环境和社会环境中逐渐形成的。而从乡土建筑文化这一角度出发，其地域要素主要涉及自然环境和社会环境这两个范畴的组合，自然环境主要包括地理、气候、生态等因素。而社会环境主要包括社会制度、宗教信仰、传统风俗等因素。陆元鼎先生曾提出：“人文条件是决定传统民居民族特点的主要因素，而自然条件则是决定传统民居地域差别的主要因素。”由于藏族都出自同源文化，藏区内的不同地域的藏族民居都表现出了强烈的民族特色，但不同的区域仍然存在着较为丰富的多样性文化差异，根本原因是迥异的自然条件塑造的地域特色。

2.1　民居生成的自然环境

2.1.1　地势风貌

白藏房的民居形式现今主要分布在甘孜藏族自治州的乡城县境内，乡城县的地理位置处于四川省甘孜州的西南边境，北接理塘，东边紧靠稻城县，南边则毗邻云南省中甸县城，西边紧邻巴塘县、得荣县。全县东西宽 68.6 千米，南北长 120.7 千米，地跨东经 99 度 22 分～ 100 度 04 分，北纬 28 度 34

分～29度39分，总面积55016平方千米。整个县辖域范围形态呈卵状分布。地形图如图2-1所示。

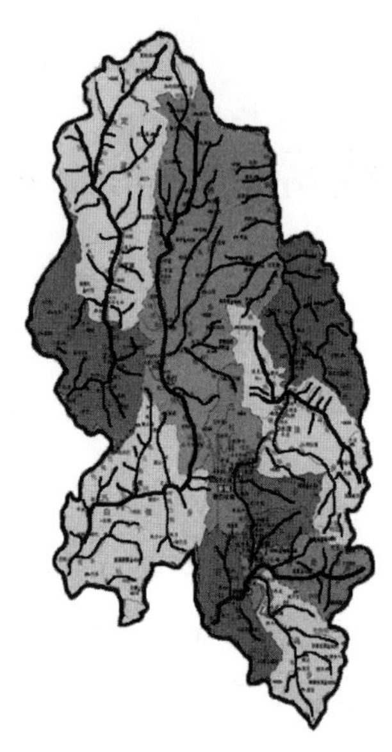

图2-1　乡城县山脉分布图

整个县城地处横断山脉中北段，沙鲁山系南端，云贵高原向青藏高原的过渡地带，地势东北高，西南低。最高海拔为县城东南面的萨荀峰（5336米），最低海拔为南部洞松乡的仲达村（2560米），相对高差悬殊，整体上形成东北向西南而下的下坡状倾斜面，县城境内主要有三条河流，均属于金沙江的二级支流，分别为硕曲河、定曲河以及玛依河，三条河流依山势的走向，北向南，纵贯全境，将全县地貌切割为三谷、四山、六面坡。

特殊的地理环境也同时造就了两方面的影响：其一，由于高差悬殊以及群山的围合使得境内与外界的沟通不畅，恶劣的地势条件也使得交通联系的成本代价较高，自然就形成了相对封闭和独特的特色文化；其二，多山的地理环境使得乡城内部的耕地较为匮乏，大多数较为平坦的地带均沿着河岸分布，易受灾害影响，因此农耕文明的发展相对滞后。

县城境内的定曲河以西及其上游和玛依河上游、硕曲河以东广大地区为山林与原野地表，约占总面积的68%，中部和南部主要为高山峡谷地带，占

29%，平坝分布零散，仅占 3%，平坝分布较少。而县城的大部分村镇都沿着河流旁的平坝分布，三条河流像串起的佛珠一般将村镇串联起来，藏民的汉语称呼乡城为“恰称”，在藏语中寓意为手中的佛珠，而后口语音译为“乡城”，县城名称也是由此而来。由于所处地理位置优越、资源丰富，故有康巴江南之美誉。

2.1.2 气候特征

乡城的气候具有大陆季风高原气候特征。这是由于其特殊的地形风貌造成的，乡城境内群山起伏，峡谷交错，北边无名山、九拐山、沙鲁里山等山伫立，南部有大雪山阻挡，南北气流在上山后再下沉使得温度升高，造成河谷地区有较多的“焚风效应”，尤其是垂直温差较为明显，在建筑节能设计气候分区图中，属于严寒地区，冬季较为干燥且寒冷（图 2-2）。

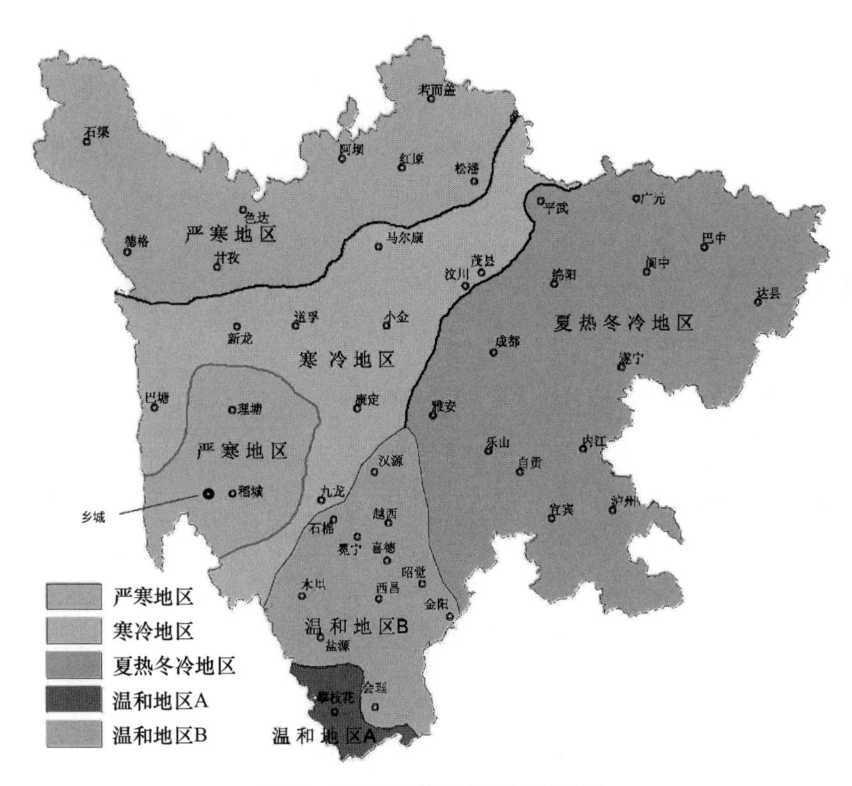

图 2-2　四川省建筑节能设计气候分区

县域内雨量少而集中，年平均气温 10.6℃，年均降水量 459.8 毫米，大量的雨水汇集到各大湖泊、洼地，使得乡城处于湿润地带（图 2-3）。而日照方面，由于县城所在的地理位置靠近西南部，海拔相对平原地区也较高，空气稀薄，正午时刻太阳高度角较大，云层少，使得大气对太阳辐射的削弱程度降低，因此太阳光照能量强，光热资源较为丰富，平均年日照总量为 2137 个小时。乡城年平均最高气温是每年的 7 月份，最低气温月份则是 1 月。整体平均气温在 9 ～ 12℃。区域内冬季时间较长，一般持续 170 天左右，相当于整年天数的一半。气温整年变化较为稳定，受山地气候的影响，每年的 10 月初便开始降雪，而化雪时间持续的周期较长，一般积雪完全融化要到次年的 5 月。

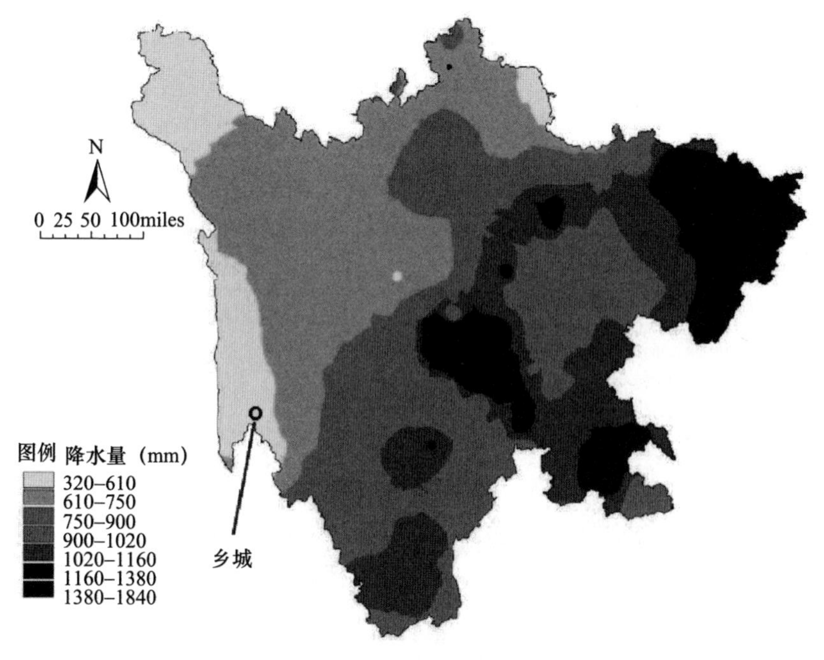

图 2-3 四川省年降水量分布图

2.1.3 水文地质

水文方面，乡城县域内虽被群山包围，但群山之间流淌着的河流为乡城提供了充足的水源。硕曲、定曲、玛依三大河流在县域内总流长 300 公里，总流量23.92亿立方米，一级支流21条，有72条支沟和众多冲沟，高原湖泊44个，水能蕴藏丰富，理论蕴藏量为83.94万千瓦，可开发量为48.91万千瓦。境内河流由北向南相互交错，冲刷成各个河沟流向境内其他方向，让整个乡城都围绕在山水之间。境内三条河流均属于金沙江二级支流，支流两侧分布着32条支沟和众多的冲沟，呈羽毛状排列，境内的水洼村就因沟壑密集而得名。境内河流分布如图2-4所示。

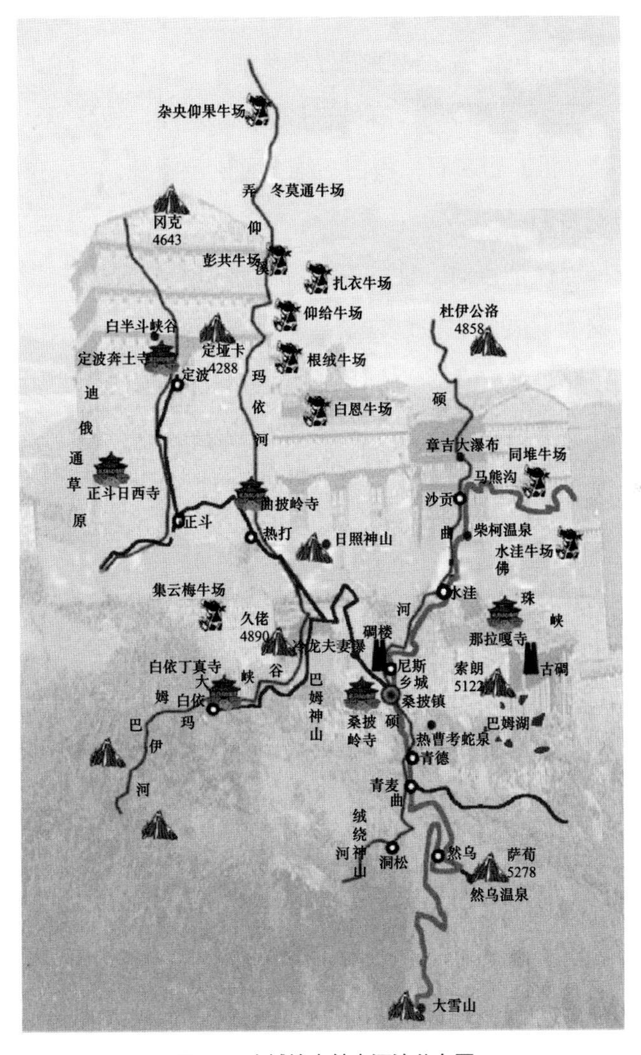

图2-4　乡城境内基本河流分布图

乡城县不仅地形复杂，而且地理位置还处于四川省西部青藏高原东南缘，横断山脉中北段，区内地形多为高山峡谷，而山体斜坡土体主要为砂土、碎石土，土体多呈松散状态，厚度较大，空隙度大，抗险强度低，再加上降水量比较集中及人为因素的影响，容易受到地质灾害的影响，白藏房建筑自身厚实的外墙与水文地质灾害的频发有着一定的关系。而当地独特的地质条件也为藏民们提供了修建房屋的基础材料——土壤，白藏房厚实的外墙材料就来源于此。藏民们将这种土壤材料称之为阿嘎土，“阿嘎”在藏语中是指黏性强而色泽优美的一种风化石。藏民们经简单加工后夯实便可以用作砌筑外墙。同时乡城处于“三江”褶皱带，有较好的成矿条件，包含铁、锰、钼、铜、铝、锌、锡、金、银、石灰石、蛋白石等多种矿产资源。

2.1.4 自然资源

人们在选择居住地点时，往往会选择自然资源丰富、交通线路优越的地方形成聚落，继而发展。但在过去交通条件并不发达的情况下，水系便成为了重要的交通线路。水乃生命之源，因此，以水为辐射，其周围生存的生态圈更加多样化，资源也更加丰富。而乡城境内的三条河流所形成的各种支流，伴随的也是更为充足的自然资源。

（1）土地资源

乡城县全县面积为 5016 平方公里，土壤类型多样，且矿物质含量丰富，先天的土地条件再加上后期人们的开发利用，现有耕地 5.5 万余亩（约 37 平方公里），人均耕地 1.59 亩（约 1000m^2），另外可以开垦的宜农宜林的荒地 3 万多亩（约 20 平方公里），土地资源以及农业基础较为丰厚。农耕面积的不断增长也为境内的藏民们提供了基本的生存保障。

（2）生物资源

由于境内的高山众多，植物呈立体分布，且种群繁多。境内植物种类达 600 多种，树木种类 50 余种，主要以杉树、松树、柏树、桦树、杨树等为主，另外部分珍稀濒危植物也在境内可见，包括金钱锁、长苞冷杉、海棠花、延龄草等。乡城的整体生态环境保护较好，森林面积 462 万亩（约 53080 平方

公里），森林覆盖率62.38%，森林总蓄积量为2676.19万立方米。林木的葱郁也使得动物们有较好的生存环境，国家确定的一、二级保护动物，在乡城境内分布约54种，其中包括较为珍稀的金钱豹、云豹、雪豹、金雕等。

（3）药材资源

乡城地处高原，优越的自然条件也使得县境内生长着多种珍贵的中药材，同时藏医学也是我国医学中重要的组成部分之一，历史悠久。因此乡城境内依托着虫草、贝母、黄芪、秦艽、党参、丹皮、桃仁、甘松、雪山一枝蒿等各种珍贵药材研发了各种纯天然藏药。丰富的药材给藏民们的健康提供一定的保障，但与此同时，自给自足的现状也削弱了居民与外界沟通的意愿。

（4）旅游资源

源自大自然的鬼斧神工，使乡城境内拥有着多种独具特色的自然生态景观，包括然乌天浴温泉、尼丁大峡谷、香巴拉七湖、马熊沟大峡谷、佛珠峡等各种天然旅游生态资源，同时由于特殊的地理环境和悠久的藏族民族历史，形成了独具特色的山地景观、生态景观及民族风情。不仅体现在高山、峡谷、温泉、生物多样性等自然景观中，还表现在宗教文化、民族习俗中。这些奇特的景观与特色的民族文化为乡城的旅游业发展提供了有利的条件。图2-5所示为开发后的旅游改造景观。

图2-5　开发后的旅游改造景观

2.2　民居生成的人文环境

任何事物的产生都不是一蹴而就的。我国幅员辽阔，不同的区域受到不同的历史因素影响产生出各地独有的民族及文化，其发展历程也随着不同地域、不同的社会制度而演变成多种不同的结果，藏族也随着地域的差异而分化为三大藏区，这三大地域的人文环境不同，历史进程不同，进而使得这一民族文化开始产生不同的分支。同样，随着文化差异的改变，与之相应的物质基础也开始向多方面发展。白藏房民居的产生不仅与其所处的自然环境有关，还与社会制度、宗教思想、民俗习惯以及其民族文化有着密切联系。

2.2.1　社会制度的更迭

在中国社会制度的发展过程之中，四川的藏区从原始社会、奴隶社会、封建社会发展至现如今的社会主义社会。

考古发掘在岷江上游河谷多处发现过旧石器时代和新石器时代的文化遗迹，发掘出古人类头骨、石器等古物，也由此证明了四川藏区早在远古时代就有人类繁衍生存。

由文献上所记载的内容可以确定，在汉代，今甘孜南部地区为白狼羌族活动地区，20 世纪 80 年代的考古证明，白狼羌族的主要活动区域在甘孜州的巴塘、理塘、雅江以及凉山木里一带，如今甘孜州东部地区依旧有羌族人生活在此。

隋唐以后，关于甘孜州的文献中出现了附国、嘉良的记载，附国即代表联合部落，吐蕃东南部早期有附国和东女国，主要存在于今昌都以东及甘孜州，是汉代位于蜀地的多民族联合部落。唐贞观十二年（638 年），吐蕃统治了白狼、党项各部，甘孜州和木里县境内的诸多羌族部落成为了其附属的部下之一，吐蕃称之为弥药。而当时的弥药部异常强悍，活动范围很广，有些甚至西迁到了与尼泊尔交接的昆布地区。而如今的甘孜州、木里县境内的原有诸多羌族人，逐渐地和吐蕃人融合，成为今日的康巴藏人。

唐朝末期，吐蕃政权崩溃，在甘孜州境内分化成了许多部落，后经元世祖忽必烈统一，开始有了蒙古人迁入居住。蒙古人迁入后，开始逐渐与吐蕃融合，除了藏语中仍有部分蒙语介词之外，其余的习俗已经完全与藏族相同。

明代末，四川藏区开始了改土归流，从18世纪中叶至20世纪初的100多年间，基本上完成了这一制度的变迁。中华民国建立后，国民党政府普遍推行保甲制度，但实际上一切的政令仍旧以藏羌头人控制。经过土地改革制度洗礼的地区，“领主经济制度”已经解体，出现了地主经济，但仍然保留着一些农奴制度的残余，少数地区的经济制度中，地主经济甚至占据着主导地位。但这些经济体制仍旧残酷地剥削着广大的劳动人民，藏族人民也一直在与这些封建制度进行着斗争，直到中华人民共和国成立，中国人民解放军与区域的宗教上层人士进行协商，调节了民族内部历史遗留问题，同时对区域实行了自治制度，至此整个自治州的政治社会问题达到了一个平稳的状态。

随着政治制度的确定以及社会环境的改善，自治州内各民族人民开始安居乐业。稳定的生活使得各个民族自己的风俗和传统文化也开始发展，在民族文化的催生和传播之下，与生活相关的各项活动也被赋予文化气息，白藏房就是载体之一。

2.2.2 宗教文化的熏陶

据第六次人口普查数据显示，乡城县2011年总人口为29567万人，总户数为4876户。人口自然增长率为3.22%，其中藏族人口占总人口的95%。除藏族以外还存在汉族、彝族、回族、羌族、蒙古族、土家族、白族，共8个民族。同时除藏族全体信教以外，彝族、回族、羌族、土家族和白族这几个民族也各自具有自己独特的民族信仰。乡城境内以桑坡岭寺（图2-6）为首的寺庙建筑及宗教活动地点约30多处，总体而言，乡城境内是以藏族为首的高密集宗教性文化地区。

（1）藏传佛教

两千多年以前，佛教作为外来宗教传入西藏这片古老的土地，西藏发展的历史基本可以诠释为本土宗教与佛教的争斗与融合。在西藏佛教的传播和斗争过程中涌现出不少著名人物，如松赞干布、赤松德赞等。最终在漫长的宗教思想斗争中，佛教战胜了西藏地区的本土宗教成为了西藏地区的主流宗教，但同时也融合了藏区本土宗教的部分特点，形成了全新的藏传佛教思想体系。藏传佛教对乡城的政治，经济、文化和生活等各个方面都具有重要意义，且经过了漫长的发展和演化，已经成为了当地文化中不可或缺的重要精神支柱。

其中格鲁派，又称黄教，藏语中格鲁意为善律的意思，强调该门派要严守戒律，由于该派僧人戴黄色的僧帽，所以别称黄教。创教人原为噶当派僧人，故该派又被称为新噶当派。格鲁派的兴起很大程度上是因其改革之举，为振兴佛教，格鲁派一改佛教戒律松弛、贪欲民俗等现象，获得了帕木竹巴政权的支持，这一革新举措也为格鲁派后期的发展兴盛奠定了基础，该派的达赖、班禅等人物在全藏区也家喻户晓。而乡城的大多数藏民们所信奉的也是此派系。

图 2-6　藏传佛教桑披岭寺

（2）自然崇拜思想

对自然的崇拜，是藏族原始宗教观念的重要表现形态之一，也是藏族及周边少数民族最原始的崇拜。自然崇拜的产生并不是一蹴而就的，而是由多种因素影响交融汇聚而成。在远古时期，藏族先民也同其他古老民族一样，对于那些与其本身生活、生产劳动等有着密切关系的自然物，认为其都有生命、意志和灵性；认为它们都是神灵的化身（或是在这些自然物上都住有或附有神灵)，对那些在自己周围环境中所发生的而又无法解释的自然现象（某些自然的显示)，则认为是这些神灵所产生出来的一种超人的“神奇力量”。并且，这些具有神奇力量的神灵，都能够主宰人的命运。藏族先民们为了趋福避祸，凭着自己的假想和幻想，企图采用祈求的办法，以讨得这些神灵的欢心，而获得其佑助和保护，于是便产生了藏族的原始信仰和对自然的崇拜。又因为高寒缺氧，自然气候的恶劣，使得原始的游牧先民对自然环境产生强烈的依赖，任何风云变化都会对人的生产劳作产生影响，而万物有灵观正是对自然崇拜的产物。人们在畏惧大自然的同时也产生对自然的崇敬，这两种截然相反的心理使得人们把自然环境造成的影响看作是神的力量或视为是神的化身，并由此产生对自然的崇拜和敬畏（图 2-7)。

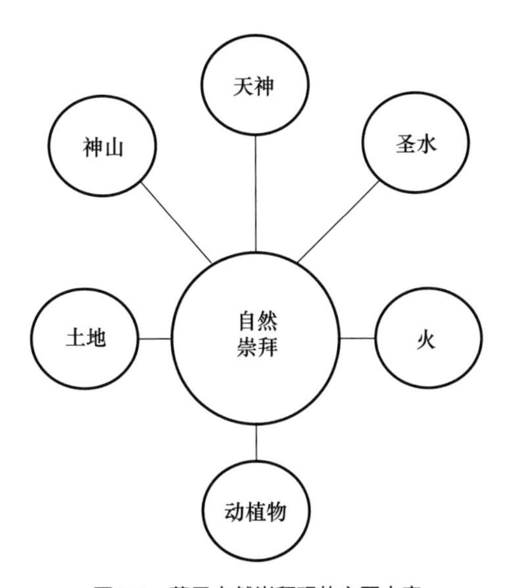

图 2-7　藏民自然崇拜观的主要内容

藏族先民和其他远古原始民族一样，都是从直接可以为人们感官所能觉察的自然物或自然力来作为崇拜对象的。由于其所生活的环境和自然条件的不同，因而他们对自然的崇拜对象也就有所不同：近山者崇山神，近水者崇水神，多风地带的则崇拜风神，而农业部落也就多数崇拜土地神和水神。藏族先民世代繁衍生息于世界屋脊的青藏高原，那里地域辽阔，不仅山峦纵横、江河交错、高山峡谷比比皆是，而且有星罗棋布的高原湖泊和辽阔的草原，所以藏族先民以山、水以及与山水相关联的动物和林木作为自己的主要崇拜对象。乡城最具代表性的自然崇拜就是位于县城东边的巴姆神山（图 2-8），在藏语中，巴姆是“骑虎观音”的意思，远看神山就像是一只卧视群山的老虎，因此得名巴姆神山，每年夏天，乡城还要举行盛大的巴姆神山节，来表达当地人民对神山的崇敬之情。

图 2-8　乡城县的巴姆神山

除此之外，乡城还有一样特别意义的植物——菩提。乡城本土称之为“称弥辛”或“称洼辛”。而乡城的别名用当地的藏族汉语称呼为“恰称”，在藏语中为佛珠的含义，而佛珠的构成就是由菩提一颗一颗串联而成。位于乡城境内的青德镇仲德村有两棵古老的菩提母树，传说在 800 多年前，噶玛噶举派创始人、第一世大宝法王都松钦巴（1110—1193）亲临乡城，为民众传法赐福。在青德传法讲经时，大宝法王手里的佛珠断线四溅，众信徒在寻找遗失的佛珠时，有两颗佛珠却怎么也找不到。大宝法王开示道：“这两颗佛珠与此地有缘，预示着此地将成为一方殊胜祥瑞的河谷宝地。”于是传言遗失的两颗佛珠在乡城的青德镇化作两棵菩提母树，而佛珠之地的名声开始在藏区传播。而信众们对来自乡城的菩提佛珠赋予一种新的含义，信奉此佛珠的来源正统，殊胜异常，甚至无须开光，持此念经诵佛，功德可以更快增长，并可助信众安身安神，平安吉祥。因此典故，乡城人民也将菩提树尊为噶玛巴的“魂树”（图 2-9），严禁砍伐和焚烧等破坏行为。

图 2-9　乡城县青德镇仲德村菩提母树

（3）图腾文化

图腾文化是中国古老的文化传统之一，承载着人民的精神寄托和文化需求。是人们几千年来智慧的结晶，“图腾”一词最早来源于印第安语言中的 totem 直译为“他的亲属”。古时候由于生产力低下，在恶劣的自然环境中，人类的力量显得如此渺小，于是对自然的崇拜让人们相信万物都是有灵性的。图腾其实就是被神化了的自然界万物，它是人类最早的一种宗教信仰，是人类主观意识与客观存在共同作用的产物。由于中国的地域广阔，不同的地理位置和人文环境造成的差异致使不同地区的图腾文化也不同，比如历代中华民族以龙为主要图腾，有些地区以龙虎为图腾，而藏族高原地区的大部分人民以牦牛为图腾。

乡城在自然崇拜的思想加持下，图腾文化的影响随处可见，虽然各处细节所展示和崇拜的对象有所差异，但整体上充斥着宗教文化思想。尤其是在建筑以及公共设施方面，各种形象的图案都隐喻着对某种生物或其他对象的崇拜。这种崇拜的符号和印记也记录着乡城人民在过去封建社会所留下的记忆，同时这种文化在社会中也起着重要的作用，是团结群体、密切血缘关系、维系社会组织的一种精神基础。因此在宗教思想浓厚的乡城境内，有关于图腾所衍生的种种文化现象也就不足为奇了。文化思想与其所产生的事物之间是相互影响的，正是由于这些文化产物的诞生，给当地人们营造出的人文环境，才使得人们对自身的生活条件有了形式上的追求和突破，白藏房窗户四周的梯形状牦牛图案，以及屋顶檐口的特殊形式，都与公共空间所营造的环境有关。公共空间图腾文化展现如图 2-10 所示。

(a) 宝瓶图

(b) 白海螺图

图 2-10　公共装饰图腾文化展示

2.2.3　民族习惯与风俗的影响

（1）特色节日

中国传统节日众多，作为一个统一的多民族国家，各民族都有自身独特意义的纪念性节日，例如汉族的农历春节、傣族的泼水节、彝族的火把节等，作为五十六个民族中重要的一员，藏族也因其独特的宗教信仰文化而衍生出众多附带其民族特色的节日；并且，不同于一般的阴历和阳历的历法，藏族有自己的历法——藏历。公元前 100 年前，藏族就曾以麦熟或麦收的夏秋季为岁首，并根据月亮的圆缺来推算日月年。公元7世纪，唐朝文成公主和金城公主先后入藏成婚结盟，同时带来内地的历法。自此，藏族的古历法开始与汉历、印历结合，直到元代时形成了天干、地支、五行合为一体的独特的历法。大约13世纪元代的萨迦王朝时，才正式将藏历元月一日定为新岁起始，并一直沿袭至今。

最为隆重，且最具有全民族意义的要数藏历的新年（藏历12月29日至1月1日）藏族称新年为“洛萨”，就如同汉族的春节，洛萨是藏族人民一年一度的传统佳节，与汉族不同的是，藏族民族过年是从藏历12月29日开始的，过年是十分忙碌的。当天先在家做大扫除，本地称为“斗格得”，之后开始洗头，意在新年来临前扫去一切晦气、邪气和洗去自己一年的罪孽，重新开始新的一年。要做充分的准备，添置新衣，购买食材，在精致的瓷器盅里培育青苗，炸“卡生”（油炸果子），做“麻堤”（用酥油、奶渣、人生果、糖做成砖形奶糕）等节日用品。虽然各族人民对新年的庆祝方式各不相同，但是对于新年的热情都尤为高涨。

除新年外，另一个较为有特色的节日就是沐浴节了。沐浴节，在藏语里称呼为“嘎玛日吉”，具有800多年悠久的历史，在藏族民间，每年的藏历7月沐浴节闻名遐迩，藏历的7月份，藏民们都要进行群众性的传统沐浴活动。据藏族的历法书籍记载，太阳运转到第10宿43度的时候，约在农历的8月交节（白露）后的7日之内，澄水星出现，因此一切水皆染上甘露，此时入水沐浴可祛除污秽、疾病和罪孽，因此沐浴节也被称为药水节，藏族沐浴节的传说即源于此。而此时节，恰逢雨季刚刚结束，河水澄清，水温适宜，风和日丽。乡城的泉水河流资源较多，因此，每到沐浴节，无论是在河边还是在泉池，到处都有沐浴的藏民。人们在河水中洗头、洗澡、洗衣服、洗被褥，除去一年的污垢，并在水中嬉戏，男女青年相互邀约，竞相击浪玩耍。更有全家相聚在河边丛林之中，沐浴后喝茶聚餐、饮酒叙旧、引吭高歌、翩翩起舞。人们相信，经过一周的沐浴，能够避免伤风感冒、不染瘟疫疾病，甚至能够强身健体、延年益寿。

除此之外，境内各个村镇内还有不同的特殊节日，比如雨洼村的“蒙乖”节，时间是藏历3月12日，类似于宗教的祭拜节日。每逢此节，全村的藏民无论男女老少都需要对着神山进行祈祷，并绕行村子一周，祈望神山能够庇佑村子来年风调雨顺。随后便是庆祝节日，并进行赛马、拔河等一系列民族竞技活动。

乡城县的藏民们除了延续上述的藏族传统节日外，还有一个新兴的节日——香巴拉民族文化艺术节。香巴拉民族文化艺术节原名为“巴姆山艺术节”，起源为农牧民们庆祝丰收的节日。10月的乡城天高云淡，红叶似火，硕果飘香，在此丰收之季，乡城人民身着盛装，载歌载舞，欢庆节日，各种原汁原味的藏族舞蹈、绚丽多彩的民族服饰、原始古朴的雪域神舞、趣味十足的民间体育，以及欢快愉悦的篝火晚会悉数登场。香巴拉文化艺术节不仅是乡城人民的节日，也欢迎外来的各族游客参与欣赏，各民族团结一致，其乐融融，对民族团结、人民和睦共处具有重要的意义。如图2-11所示为香巴拉文化艺术节表演。

图2-11　香巴拉文化艺术节表演

（2）乡城“灌礼”

有关白藏房的浇筑习俗，是乡城藏民们独有的一种习俗。在每年的藏历新年前夕，乡城家家户户的藏民们都会将一种名为“沙盖”的独有的白色黏土经过稀释浸泡，然后浇筑在建筑外墙之上，这也是白藏房能够一直维持洁白的原因。简单的浇筑礼俗包含着当地独有的文化内涵：一是有点一千盏酥油灯的功德；二是能驱邪镇宅，护佑人畜平安；三是能表达对山神的敬意，得到山神的庇护；四是能使藏房更加美观整洁，更好地融入周围环境；五是从实用的角度来说，白泥覆盖的墙体更能经受风雨的冲刷，有效地保护墙体（图 2-12）。

图 2-12 白藏房“灌礼”

（3）敬猫习俗

对于城市人群而言，养猫是一种消遣方式，猫作为宠物去亲近人类，人类对猫以消遣的方式打发岁月，但对于乡城人来说，大多数人养猫是为了灭鼠，目的十分明确。在乡城，猫有其特殊的宗教地位，人们把猫奉为高僧大德的转世化身加以护佑，睡着的猫咪经常会发出“咳咳咳”的声响，仿佛在诵经祈福一般。在乡城，信奉佛教的人们尊奉灶神，用泥塑表现，祈求人兴物丰的一面图腾之壁，虽然各家各户的样式配色大相径庭，但其中猫总能够占据灶神图腾中的一席之地。这源自一个古来的传说。在过去，猫这种动物在乡城十分少见，但后来由于鼠灾蔓延，先民不得不远赴印度寻求解决办法，最终灵猫应允了先民的请求，同时也提出了自己的条件：首先由于猫畏寒，因此需要居住在灶榻取暖，其次需要以牛奶供奉并且享有与家人一般的地位。为了解决鼠灾，先人欣然接受，随后鼠灾消除，人们感激不尽并遵守灵猫提出的条件，这种习俗便世代沿袭至今。还有，当地人相信猫能给他们带来财运，因此若有邻里间的猫串门寻觅食物，也会受到各家欢迎并盛情款待。这也是许多商家店铺中都挂有招财猫物件的缘由。图 2-13 所示为灶台上的猫壁画。

图 2-13　灶台上的猫壁画

（4）婚庆笑宴

乡城的藏族人家在结婚的大喜日子存在一种特殊的宴会，名为“笑宴”。这种独有的宴会形式往往会把婚礼的喜庆氛围推向高潮。“笑宴”正如其名就是由婚礼男女双方各自邀请几位口齿伶俐的自家人，分别代表各自门户在宴会期间互相玩笑逗弄，调节婚宴氛围，并在无形中承担司仪的责任。

笑宴也是有典故的，相传在古时当地有一位擅长侦破疑难案件的贵族老爷，他侦破案件的手法便是请案件相关的人物一起吃一顿“笑宴”，待到众人有醉意之时，通过调侃并察言观色后进行推理分析。往往真相都会水落石出，那位贵族老爷便因此享誉四方，流芳百世。虽然关于“笑宴”是否真的起源于破案，已无可考证，但流传至今它却成为了婚礼的必备环节，也是解决各种矛盾的调解途径。

“笑宴”如同一场本地藏语的脱口秀形式，通常在笑宴中，嘲讽高手的取乐对象除了一对新人外并无限制，既可揶揄双方的亲人长者，也可挖苦在座的贵宾乡亲，从容貌到行为，毫无顾忌。这种场合，不论是谁被人揭掉老底、抖落隐私，如无还口之力，都最好自认倒霉，绝不可恼羞成怒，以免成为众矢之的。这是所有“笑宴”参与者都默认的基本游戏规则，这一规则也使得不少老手借笑宴之名让平日里与自己不和的人当众出丑，尴尬至极。更为重要的是，笑宴以有理有据的唇齿之战代替了意见不合而易发生的冲突，往往在宴会结束过后，矛盾便随之化解为一句句玩笑，这也正是乡城“笑宴”经久不衰的一个主要原因。“笑宴”上老手的段子也都取材于平日生活中察言观色积累而来的，在开始烘托气氛之前，会以取笑自己开场，为氛围的开场奠定一个稳定基础。剩下宴会的主要内容就比较丰富了，是滑稽表演，也是寓教于乐；是插科打诨，也是成风化人；是即兴表演，也是世代相承；是博古通今，也是继往开来。这就是乡城“笑宴”，这就是千百年间藏乡田园迸发出的欢快旋律，这就是萦绕在香巴拉深处最悦耳动听的笑声（图 2-14）。

图 2-14　笑宴现场

（5）沐浴习俗

乡城地理位置处于亚欧板块与印度板块的地壳运动频发的区域，境内的地热资源丰富，温泉数量较多且规模庞大，引得不少游客观光沐浴，在本地人看来，这是因对自然虔诚的崇拜，大自然给予乡城人的馈赠。

境内的温泉数量多，较有知名度的两处为“热曹考蛇泉”和“然乌”。“热曹考蛇泉”位于乡城县 8 公里的青德镇热曹考村附近，属于典型的峡谷地形。泉水四周环境宜人，花木繁盛，传言当地人甚至会根据泉水的温度变化来预测来年的气候走向。该泉的形式分为露天泉和岩洞泉两种，其中露天泉池普遍较小，平均大小约 4 平方米，岩洞泉则相对较大一些，平均在 17 平方米左右。而这处温泉又被称为“蛇泉”则是因为泉水周围适宜的环境给蛇类提供了生存条件，并且在岩洞上存在着许多大小不一的洞，给蛇提供了栖息空间。因此不少慕名来此的沐浴者时常会碰到蛇，“蛇泉”也因此得名。当地人对蛇这种神秘的生灵则是十分崇敬，不会随意伤害。

除“蛇泉”这种特色喷泉之外，乡城另一处最为著名的喷泉就是然乌乡的“神泉天池”，与“蛇泉”相比，然乌乡周围丰富的旅游资源使其能够吸引大量的游客前来观赏，“神泉天池”北部为稻城亚丁自然保护区，周围有各色的冰斗湖泊，南接云南香格里拉大峡谷，盛开着漫山的高山杜鹃。然乌不仅作为观光胜地，还是乡城各大村落夏季放牧的主要场地，同时承担着茶马古峡的交通功能。“然乌”在藏语中是“铜做的水槽”的意思，然乌温泉还有一个神化了的名字——神泉天池，这个名字的由来也与一段神话故事有关，相传，然乌乡附近的群山脚下生活着一对母女，二人相依为命，但母亲因故去世后，失去母亲的少女终日以泪洗面，泪水洒落在附近的石缝、草甸中，而被泪水沾染过的地方则化为了泉眼，少女的身躯最终也化为了青山翠谷，绚丽的衣物化为鲜花点缀在山谷间，这个美丽的传说结合着然乌泉周围的美景，使得人们更加信服泉水的神圣，认为它能够洗去一身的污秽。

而乡城至今还保存着古老的“天浴”习俗。所谓“人心无杂念，方为纯净地”，这里的人们延续着人与人、人与自然和谐共处的古老生态文明理念。然乌乡的温泉自然成为最大的共浴基地，每年播种和秋收完毕之时，人们往往就在温泉四周搭上帐篷，点上篝火，浸泡在温泉中，这是乡城人民享受大自然的独特方式，也是繁华喧嚣的世界中难得的一份宁静。

（6）锅庄舞蹈

锅庄是集舞蹈和歌唱为一体的藏族民间艺术形式，简单朴素的舞曲，一学即会的步伐，曲调虽然简单质朴，但正是由于简朴易学、老少咸宜，才让

锅庄舞蹈拥有强盛的生命力，流传至今。

与其他锅庄舞的仪式差不多，乡城锅庄舞蹈主要也是一种歌舞形式，但需要进行对歌。所有参与者围成一个大圈，中间点燃一堆篝火。参与的人数不设限制，但需要分成两队，各队选出一名口才阅历上乘的队长作为歌师，根据跳舞的节律即兴填词。但并不仅仅是简单的对歌，是按照天地佛尊的先后顺序，以礼赞为开头填词，双方交换唱作。如此一来，你我轮番上阵，温润儒雅的态度和华丽精炼的用词均能够展现出宽厚大度的民族气质。当然，也有冲突对立的场面发生，互相妙语连珠地讥笑嘲讽，但这种场面并不是大家都希望看到的，当对歌变化为斗歌，就已经失去了原本欢聚一堂的欢乐氛围。因此，队长的责任比较重大，优雅的旋律配上精美的词句才能营造欢快的锅庄氛围。虽然现在高明的歌师逐渐变少，但是在传统节庆和藏家婚礼上，锅庄依然固守着一方纯净的乐俗，一次次将人们带入那份纯粹的欢乐。图 2-15 所示为乡城锅庄歌舞。

图 2-15 乡城锅庄舞

2.2.4 民族艺术与建筑文化的交融

建筑文化是人类文明中产生的一大物质内容，也是地域文化特色中的一道靓丽的风景线。在不同的时代，建筑文化的内涵和风格是不一样的；不同的地域所产生出来的建筑文化也完全不同。建筑文化随着时代变化而变化，具有神秘浪漫的艺术内涵，丰富的想象力以及多样性的表现形式。而乡城的藏族人民也根据自己的生活环境以及民族艺术，凭借自身的智慧，创建出与自己的生活环境匹配同时符合自身审美习惯的白藏房建筑。

人们在建造房屋时很注重因地制宜、就地取材。因此白藏房的围护结构也以当地的泥土为主，内部的结构则以木构架为主。高原地区的条件相对恶劣，但木材资源较为丰富，充足的木材可以制成上等的建房材料及各种木雕装饰物品，形成独特的木文化。其中建筑中较有特色的就是以木雕为主调的建筑装饰风格，其与中国古典建筑装饰风格有一定的关联，是在高原丰富的历史文化中，藏族文化与汉族文化融合的结果；民居中的木质构架与装饰木雕是在中国传统文化与藏族艺术共同作用下产生的结果（图 2-16）。

图 2-16　建筑经堂摆设中的木质浮雕装饰

另外，白藏房作为藏式民居的一种，必然受益于藏族民居建筑文化的熏陶。藏族民居的特殊自然地理特征决定了其选址的方式，大多数藏区属于寒冷的气候区，而在这种自然条件下，民居的选址大多选在南向山坡的中下部，

这样可以接受尽可能多的日照，冬季可以有效地防风，夜间也不至于受到谷底下沉寒冷的空气影响，另外沿着缓坡建房较多，一般会选择层层递增的方法（图 2-17）。

图 2-17　层层递进的聚落形态

藏族民居建筑会沿着院落的周边布置，可以获得最大的建造范围，同时提高建筑的容积率，并且会腾出集中的空地，方便管理内部空间，具有比较明显的节省用地的效果，另外，封闭院落可以用来防卫外部污秽的入侵，从而保持私人空间的洁净。然后就是屋顶平台，由于山地条件以及气候的影响，藏区内缺少大面积集中的平坦用地，藏族民居各家各户都会利用自家的屋顶平台，因为阳台可以保持充足的阳光，有开拓视野和扩大起居面积的作用，还可以丰富建筑的使用功能和空间层次，因此成为藏民们必不可少的生产生活空间场所之一。还有就是维护结构所导致的平面布局，藏族民居通常呈现出外墙厚重封闭、外形方正集中的形态。这种不分开间进深的方形空间，是用最少的围护结构获得最大面积的一种平面方式，也是最原始的一种维护方式，这种平面形式可以在获得相同使用面积的情况下将外墙散热面积降至最低。另外厚重的围护结构具有良好的蓄热性能，有效地抑制由于室内外的温差较大而产生的内部空间温度变化剧烈的情况，良好的蓄热性能帮助藏民们抵御寒冷的高原气候。

乡城作为白藏房生长的摇篮，必然也有其本身的地域建筑文化特征，也因此孕育出了白藏房这类独特的建筑形式。在仔细审视乡城县境内存在的其他民居建筑的过程中，我们总能看到一些共性。而白藏房民居只是在乡城县内的藏族民居当中个性更突出，表现出来的效果更好而已。建筑文化虽然与地域有关系，但与行政边界的划定却并不一致，一个地方的建筑文化也很可能会受到周边建筑文化的影响而形成特定的风格，因此乡城的建筑文化也会受到周边地区的建筑文化影响。乡城县内不同类型藏族民居如图 2-18 所示。

(a) 那拉岗村民居

(b) 乡城白藏房民居

图 2-18　乡城县内不同类型藏族民居

2.3　本章小结

特定的地理状况决定了房屋的基本形式，特殊的自然环境则限制了乡村聚落的发展。建筑的生成往往也是“因地制宜”，人与自然和谐相处的结果。而从本章描述的背景来看，白藏房的生成背景中掺杂着相当部分的宗教文化因素。乡城人民在“人与自然和谐相处”这一理念方针上更是充分体现出了宗教文化中的自然崇拜观念。

本章主要从地理位置、历史文化、宗教文化、风俗习惯、建筑文化等方面入手，来了解白藏房民居所处的地理位置以及文化背景等基本特征，从自然背景和社会背景两个范畴的相互交融来阐述白藏房生成的环境条件，使我们对白藏房民居生成背景有一个最基本的界定和了解，为后面章节对白藏房民居进行深入探讨和分析建立初步的印象和铺垫。

3 白藏房民居聚落空间与形态

聚落是人类聚居和生活的场所，是指人类有意识地对自然进行开发和改造而形成的适合居住的空间场所，经过长时间的发展演化分为乡村聚落和城市聚落。而传统乡村聚落空间主要分为两类：一类是建筑庭院空间，属于私人空间，相对比较私密；另一类则为聚落的公共空间，主要包括街巷、自然景观空间等。

乡村聚落形态则体现了乡村平面布局以及生长的特征，主要涉及地理位置、社会环境，以及自然环境等方面的影响。本章通过对乡城县境内的部分乡村聚落的形态进行对比分析，对其形成原因、变化的方式以及演化的方向进行简要分析后，再深入乡村聚落的内部空间系统，从建筑学的角度对白藏房民居的建筑形式、立面塑造、外部形态等各个方面进行探究，全方位地解析并阐述这些独特的生态民居部落。探究其神秘，揭示其独特的个性，以科学客观的角度来研究这类有别于其他藏族民居的白色藏式建筑。

3.1 白藏房民居建筑的选址

四川境内的村落由于地形因素的影响，往往呈三种聚落形式分布：山谷河间；山间台地；高山缓地。这三种布局方式也是山地地形中较为常见的。

乡城县境内拥有白藏房的村落则大多是前两种模式的布置方式，且主要集中在第一种，在山间河谷附近呈线性分布（图 3-1）。县城以及主要的乡镇都围绕着境内的硕曲河旁布置，较为偏僻的正斗乡在定曲河边聚落，正斗村附属村落也基本上沿定曲河边分布。另一条玛依河旁则坐落着白依乡。白依乡的部分附属村落则沿着部分台地布置。山间河谷和山间台地布置是乡城县村落的主要分布方式。

通常聚落的选址与生态、文化和经济等三方面的因素有关。其中生态因素包括地形、地势、水源、气候等对于居住环境方面的影响，文化因素主要表现为民族习俗与宗教信仰文化对于建筑造型或功能上的影响，而经济因素则主要是指人民的生产方式以及经济来源对于建筑选址、布局方式的影响。

图 3-1　乡城县主要村落的分布情况

3.1.1　自然环境

（1）地形地势

白藏房是由碉楼演化而来，在古时候，碉楼主要作为防御用途。所以防卫功能是极其重要的一个因素。西南地区在历史上战事频繁，一个部落的选址是否得当关系到整个寨子村民的生命安全。而坐落在山谷和河边的优势是最好不过的，大部分村落的选址是背靠山、面临深涧，坐守索桥，易守难攻。现如今已经处于和平年代，虽然各项工程设备能够大大改造自然地形，但自然条件因素仍然作为选址的首选。

乡城的主要村落皆沿着定曲河分布，背靠山，面朝水。居高临下，便于观察敌情以及在山上修建工事。但依山傍水选址也不全是为了防御的用途，还有其他好处，依山而建的格局可以留出适当的空地，大大减少挖方量以节省劳动力，村民可以不用花太大代价进行耕种，且紧邻河水灌溉方便。从长远方向来看，村落以后的发展方向可以沿着河流继续生长扩张，并有利于交通设施的修建，道路和桥梁均可以沿河流布置。

（2）水源保障

水是生命之源，在选址因素中是重中之重。不能临水太近，亦不可太远，要考虑雨天河水上涨的问题，保证民居供水以及水源的安全性。一处良好可靠的水源对村落的发展有着极为重要的积极意义。不仅于此，单一河流和交错的河流对村落的布局也会产生不同的影响，在单条河流附近发展的村落，会较为平直地沿河发展，成带状分布。街道与建筑可随着河流的弯曲平行于河道的主要流向，在河道较大的转弯处，会因为河流对凹进去的河岸造成侵蚀，村落往往会选择凸出的岸边建设。而位于河道的交叉或水网交错的村落会被支流切割成若干块，建筑组合较为复杂，对聚落的空间形态有自然切割的效果。河道过多会导致桥梁成为村落中的重要要素，而桥的附近往往会形成重要的空间节点。

以乡城县县城组织为例，217 省道沿着硕曲河在乡城县县城境内河流最窄处架桥通过，再细分另一条道路的县内交通。县城境内硕曲河弯曲处，凸出的河岸部分房屋布置居多，凹进去的河岸部分房屋较少（图 3-2）。且聚落与河岸后退较远，靠近河岸空余众多良田。

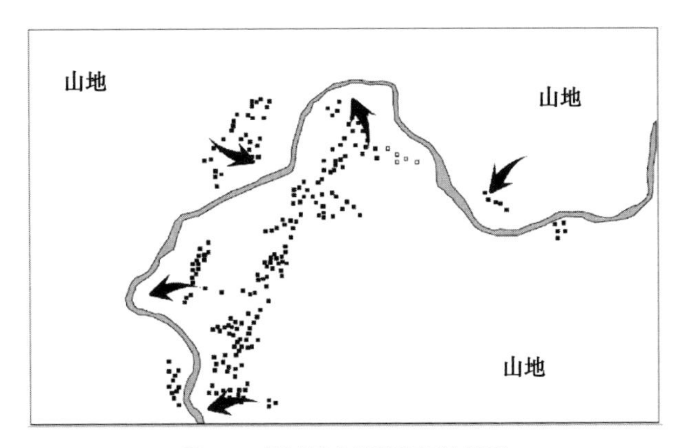

图 3-2 县城境内聚落和河流关系

（3）气候影响

在选址的时候，气候条件也是一个重要的影响因素。气候条件对特定地域村落的影响是长期、稳定并广泛的。不同的气候因素对聚落形态以及对建筑的影响不同，主要反映在单体建筑形体、建筑间距、建筑朝向等方面。根据气候条件来选择聚落的整体朝向，好的朝向不但有利于居住采光，而且对于田地来说，向阳的朝向是必要的。日照时间的长短跟农作物的收成息息相关，好的日照可以让同样面积的土地产出的农作物养活更多的人。

以图 3-3 为例，县城周边大部分聚落是面向河流，沿路布置的。靠近河岸部分地形位置相对较低，可以保证农作物拥有良好的日照。房屋的朝向都是沿着道路布置，聚落内部由于建筑的高度普遍较低，因此在房屋间距方面没有太大影响。一栋栋白藏房沿着支路串联起来，仿佛一条绳子将一颗颗“白珍珠”串联起来而形成的美丽项链。

(a) 实地拍摄图

(b) 三维地形图

图 3-3 三维地形图与实地村落形态对比

3.1.2 宗教信仰

（1）“自然崇拜观念”下的聚落选址

受藏族宗教影响，再加之县城境内的80%以上均为藏民。自然崇拜的观念对藏民营造建筑的过程产生了深刻的影响，尤其是在聚落选址时，尽管现在的工程条件对自然地形的修改已经不再是难题，但深入人心的宗教观念依旧秉承着：借山造势，顺水而行，尊重自然，因此尽量减少对自然条件的破坏和改造。主要表现在顺应着山体等高线布置，以及沿着已修建好的道路进行房屋建设，而不会随意占用土地资源，另起高楼。乡城的县城就选址于境内著名的“巴姆神山”山脚下，源于对自然的崇拜，藏民希望受到神山的庇护。而居住在此的民众也能够寻求心理上的安慰。甚至连县政府驻地的建筑都遵循着平行于等高线布置原则，沿着等高线来布置道路和主街的建筑，整体形态布局以横向舒展方式扩张，与自然巧妙地结合，正好顺应着山势的走向变化而起伏，呈现出一幅人与自然和谐共处的唯美景象。这种观念恰好与现今规划理念所提倡的“可持续发展”观念不谋而合，两者的中心思想所表达的意境有异曲同工之妙。

（2）传统民居建设中的“坐山向水”

乡城县的民居秩序看起来排布随意，但与山峦的纹理十分契合。当你仔细观察会发现，聚落的大多选择都是坐山向水，这并不是偶然形成的，各种山脚河谷附近的狭长台地、缓坡等，不仅仅拥有良好的日照，也可提供更多肥沃的良田（图3-3）。

3.1.3 生产方式

一个村落的生存取决于当地的自然条件和环境，但是否能够长期生存，则取决于村落的生产方式。生产方式同为影响村落选址的重要因素之一，自然环境也影响着生产方式，乡城县的藏民主要以种植以及放牧为主，这种安定的生产方式使得这个美丽的小县城像世外桃源般安逸。

由于境内具有丰富的自然资源，河谷地区生产多种温带水果和干果，并且是苹果的最适生长区。河边的丰富水资源造就了乡城以松茸为代表的野生食用菌的繁育，湿润的气候使得乡城的野生食用菌产量大、质量好、味美可口，互联网的兴起使乡城的农作物能远销海外市场。再加之旅游业的开发，乡城美丽的景色以及特色的民居建筑逐渐被众多游客和学者所认知，人们才开始对这片美丽的土地进行探索和发掘。大量的人群所产生的消费，也让不少当地居民的生产方式渐渐发生了改变，尤其是交通的便捷性使很多居民开始经营一些小商店，将外界的资源和本地的特色进行转换。因此很多白藏房的选址逐渐向交通道路靠拢（图 3-4）。

(a) 洗车服务点

(b) 拍摄电影旅游景点

图 3-4 旅游业的兴起所带来的生产方式的转变

3.2 白藏房民居聚落的布局形态

一个聚落内部建筑的组合连接方式形成了各式各样聚落的平面形态，受独特的高原地势条件影响，聚落的形态也沿着地貌条件而呈现自由生长的形态。但这些自由生长的、多种多样的形态却有着部分共性特征，并不是杂乱无章的。这一特征在乡城的白藏房聚落形态中表现得更为明显。白藏房的实际体量较大，但在自由的聚落组合下却映衬出精致和活泼的风格，尤其是站在高处俯瞰时，仿佛一串珍珠散落在大地。

3.2.1 布局组织方式

受制于高原地理及气候等多方面因素的影响，其产生的形态也衍生出了多种不同的组织方式。通过对乡城县境内的12个乡镇的村落进行对比，对遍布白藏房的村落形态进行了界定，确定如下四种形态：沿线带状分布型、网络交错型、星状分散型、树枝状组团型。

（1）沿线带状分布型

沿线带状分布型是指建筑和村落沿着河流线路或者道路并列平行发展。聚落的主要脉络是由线路的方向来主导的。图3-5中几个较为有代表的村落均是沿着道路的走向平行发展，无论房屋的建筑多少以及密集程度如何，其聚落方式呈现出来的聚落形态都呈线状发展。线状的聚落随着地势和流水的方向延伸或者聚成团状，并沿着等高线的走向排布，呈现出一定的生长趋势。这种布局形式的道路系统简单规整，交通脉络较为清晰，有较强的秩序性，容易形成整齐的建筑立面风貌，但具有较强的领域性。整体基本能展现出一个村子的动态发展方向，强调了整体轴线的流动性，在规划中能够直观地预判村落未来扩张的走向（图3-5）。

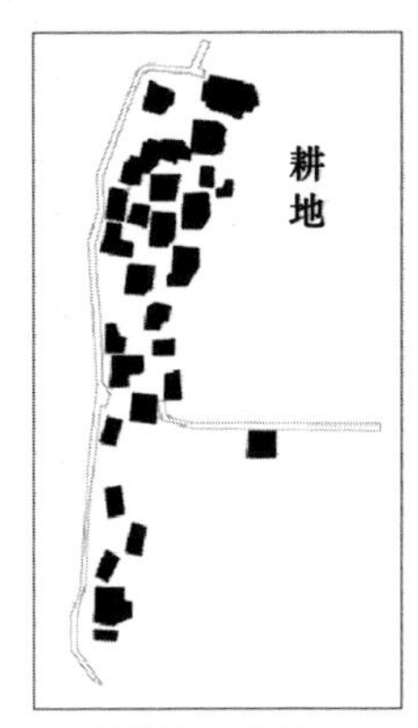

尼斯乡：宫村

青麦乡：南吾村

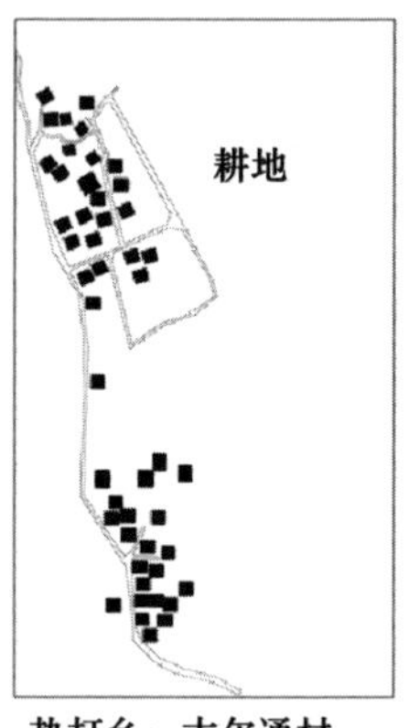

热打乡：古尔通村

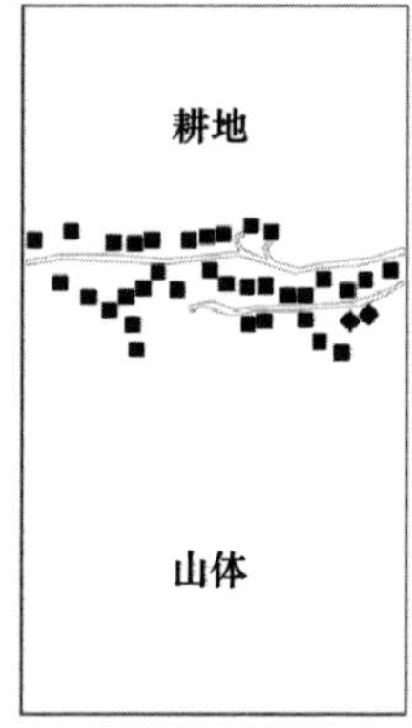

白依乡：柔村

图3-5 带状分布型代表聚落

（2）网络交错型

网络交错型是指依照地势和道路组织聚落的方式，这种组织方式主要适

用于面积较大的山间平台以及缓坡地带，主要形式是以交通要道向外衍生的各条支路来组织建筑。根据不同的地形和地势，村寨也表现为不同的形态，且各条支路之间纵横交错，因此称之为网络交错型布局。

这种网络交错型的布局方式适合在人口较多的乡级以上单位有序组织，在每个村落不断向外膨胀发展的同时，村庄与村庄之间的交通逐渐产生联系，交通的通达性使村庄慢慢地走向集群化，空间功能和活动范围开始扩大并互相产生影响。人口和生产方式也会渐渐发生改变，村落结合并逐渐扩大成乡镇，然后不断地向外扩散并慢慢地形成县城的雏形。于是交错的路网便成了聚落的主要形态特征。网络交错型的聚落空间就是这样形成的（图 3-6）。

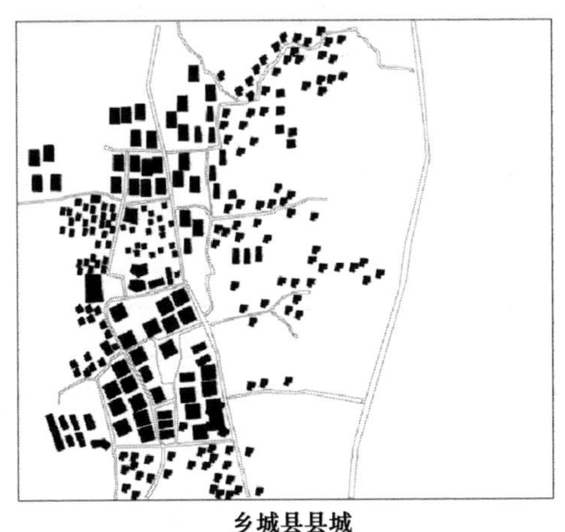

乡城县县城

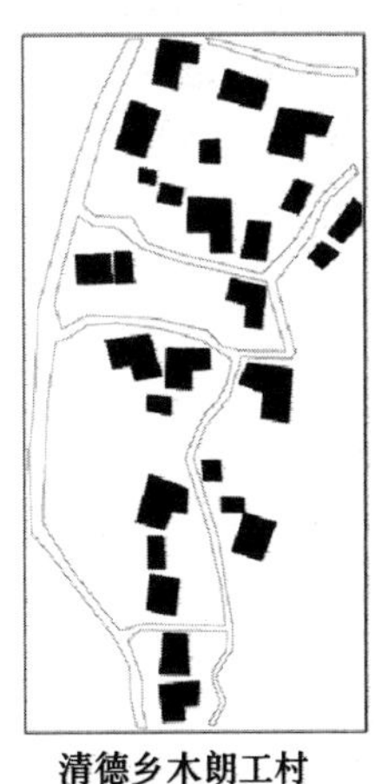

清德乡木朗工村

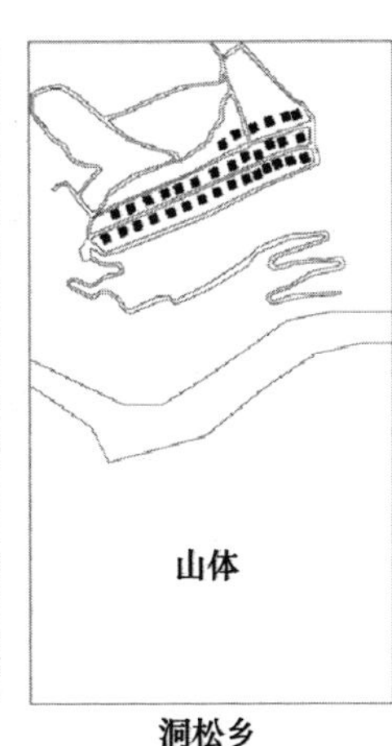

洞松乡

图 3-6　网络交错型代表聚落

（3）星状分散型

星状分散型是指村落建筑之间分布不均匀，各自两三成群，且各个建筑之间的距离较远，无秩序地随机分布。村庄规模均衡地分布在镇域范围之内，村庄的规模等级较小且分散。村庄之间的联系较弱，且自成系统，自给自足，职能的分化程度较低（图 3-7）。

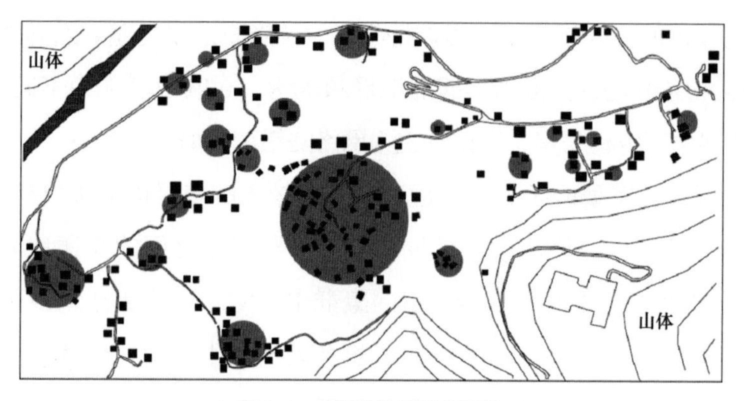

图 3-7　星状分散型代表聚落

（4）树枝状组团型

树枝状组团型与网络交错型有类似之处，但区别在于组团大小，组团生长型的村落组团较小，无法像乡镇级别的规模那样有较多的路网来组织交通。往往是从主路延伸出一条支路，然后各家各户再接上这条支路。这条支路往往不会太长，因此限制了组团的大小。聚落内建筑的朝向会顺应着道路的方向而变化，几个组团共同构成一个占地较长的村落，各个组团之间功能联系较弱，组团内部形成自给自足的基本功能系统。随着时间的流逝，相近的组团会渐渐地融为一体，随着交通的发展进而组成一个较为集中的村落(图 3-8)。

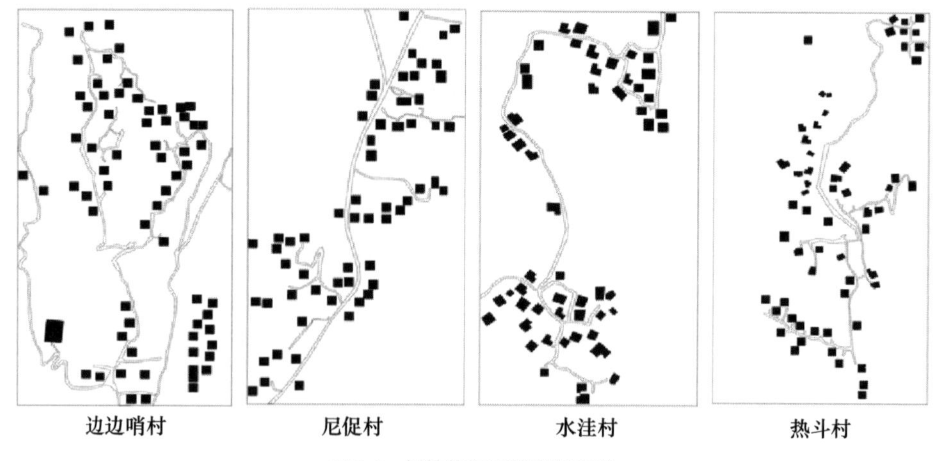

图 3-8　树枝状组团型代表聚落

3.2.2 布局特征

白藏房的聚落组织方式主要就是围绕以下四种形态在不断扩张和发展(表3-1)，同时随着城镇化进程的不断推进，白藏房的聚落形态也受到相当程度的影响。网络棋盘式布局的出现，充分说明了这一点，往往这种布局形式出现在较大人口分布的城市和县城，而在乡城县境内已覆盖到了乡镇的规模当中。网络棋盘式布局依靠着发达的道路交通系统以及人为的规划形成，相较于自由式布局有着更为规则的平面形态。

由于特殊的地理条件所限，白藏房聚落的分布整体上沿着乡城县境内的河流与道路所划分的边界错落分布。各个聚落的人口的集聚程度影响着聚落形态的变化，大多数村落沿着主干道路发展，这也是由于交通所带来的便利影响了人们的选址思想，无论是树枝状还是网格状，或是带状分布，无一不是以道路为主要的依托对象。这些聚落的形态分布特点主要有以下两点。

（1）自由性

在上述聚落平面布局形态的四种类型中，树枝状形态的村落的数量较多，足以体现乡城县内的村落分布整体多为自由散漫的类型。除了沿着道路呈现带状布局的形态外，并无中轴线对称等规则性的布局方式，从行政划分的卫星地图上来看，整个县城的聚落分布都是沿着河流选择地势较好的位置形成聚落，而道路的走向以及支路的限制，使得各个村落呈现出不同的不规则形态。无论是带状、星状还是树枝状，这些不规则且随机组合的布局方式让整个乡城的整体形态显得自由散漫，而这种自由散漫的布局方式如同大自然中花草树木的分散一般随意、随机、随性，所以才使得一栋栋建筑散落在缓坡台地间能如此地和谐，这种随意的形态正好与乡城与世隔绝般的美景融为一体，浑然天成，美轮美奂。

表 3-1　白藏房聚落形态特征分析

布局类型	布局形态	平面实际案例	空间视角案例
沿线带状分布	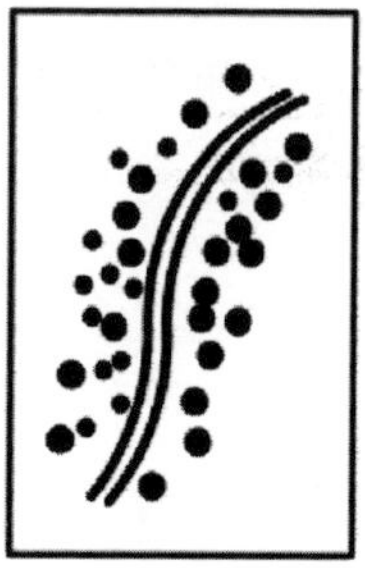	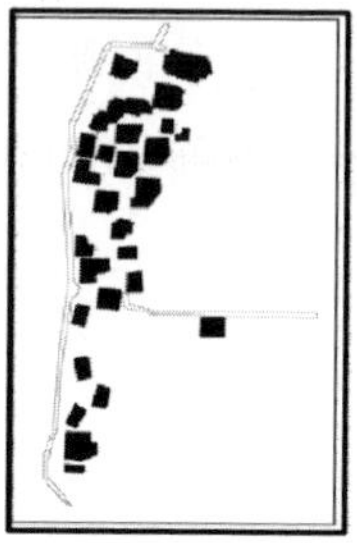	
网络棋盘分布	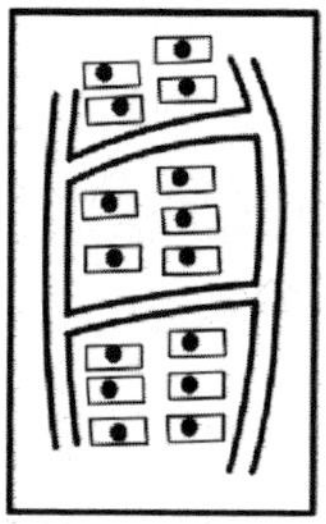	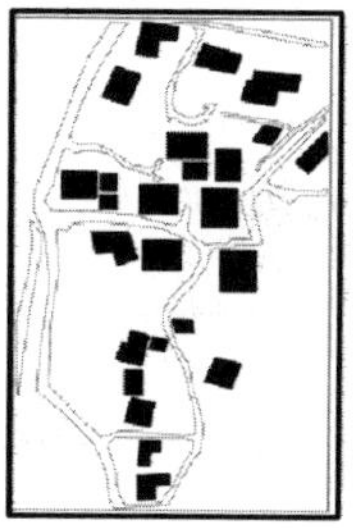	
树枝状分布	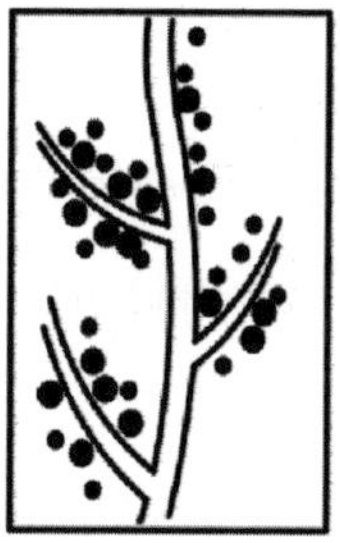	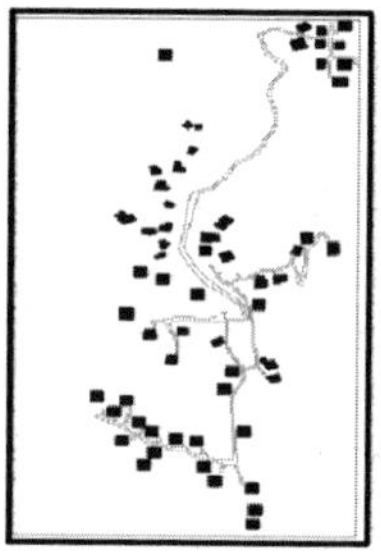	
星状分布	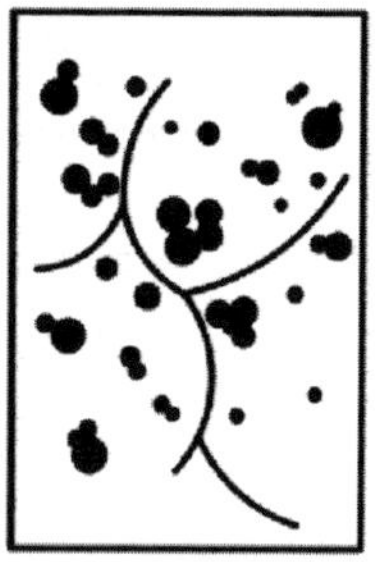	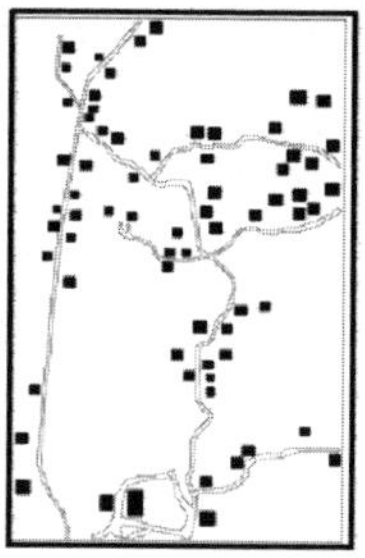	

独特的自然环境以及地质条件使得乡城境内道路的走向也是曲曲折折，而聚落始终要连接到道路之上，伴随着自由式的道路走向，整体的聚落肌理

也与河流以及道路贴合，没有明显的中心轴线对称关系，也没有明显的放射和内聚。从演进方式上来看，自由式的演进方式比较符合民主决策、聚落与生活、聚落与环境之间较长时间的逐步适应和磨合，以及更多的自发式的建设特征，绝大多数情况下，并不需要专业规划师干预，因而这些自发形成的村落才往往具有本土化特征。

（2）生长性

聚落的形态并不是一成不变的，总会随着时间的流逝不断地变化。现在所描述的乡城聚落形态，实际上仅仅是聚落发展历史长河中的一个小片段，而不是全部。与平川地貌的中原不同，高山河流切割而成的地貌，先天的条件限定出若干的自然空间，让其互相连通并非易事，并且在经济上的花费比平原地区更高。因此早期的人民都生活在一种自给自足的阶段，并在一定的时间内稳定下来。

现代高速公路迅猛发展，“村村通”公路工程开始建设，甚至更为艰难的西藏公路都能够覆盖。这将原来互不相接的空间联系在了一起，原来的自给自足的生活开始发生了变化，由自给自足的一般水平生活正在走向互相交往、逐渐联系的小康水平生活。以前的交通不便所形成的聚落其总体特点为小组团、大分散模式，各自固守在适合其生存的地方，构成自己独立的组织架构。这种发展模式在限制了村落的规模同时，也造成了同一地区的文化多元性、各自独立组团自我演化的文化体系，也是造成地域文化多样性的主要原因。直至交通的连接架起了通往外界的桥梁，大量的文化信息以及外来文化的涌入，加速了村庄聚落的成长，越来越多的外出务工人员，带来的经济效益使建筑不断增加，村落也不断扩张。

以色尔宫村为例，色尔宫村的白藏房分布较为集中，村落整体形态较为规整，位于乡城县城东侧，靠近 S217 省道，因此村内交通组织相对便利，属于典型的网络交错型分布方式（图 3-9）。

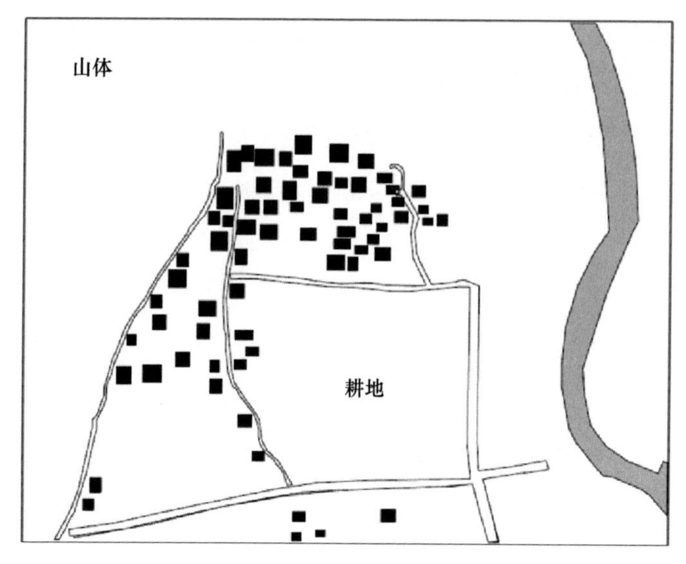

图 3-9 色尔宫村概况

村落周围的地形属于典型的高原类型。村子依靠着两侧的高山，山体体量巨大且坡度较为陡峭，山上植被以草地及灌木为主。大部分民居建筑则坐落在山谷间的平地或台地上，偶尔有几幢建设在缓坡之上。周围的整体环境按山体、村落、河流再到山体呈现出下凹状态，剖面视角下呈盆状。村落用地随着河流方向变化，两侧的山谷能够有效地阻挡高原的寒风，同时山间的平原部分视野开阔，日照时间充足。临近的河流为村落里的藏民提供丰富的水资源（图 3-10）。

紧邻村落靠近河边的坡地部分占有一定的面积，且布局随河流变化倾斜的角度不同而不同，修筑在临河坡地的民居数量规模较少，仅有的几栋布局也受到地形地势的影响与常规布局有所区别，交通道路通过自修的山间小路连接，零星散落在沿河周围。其靠着山底的平地，面积较大且地势平整，日照充分。在此区域内的民居数量规模相对较大，民居的分布受地形因素的影响相对较少，与道路、农田及邻建房屋占地的关系密切。与城市的集中布局不同，白藏房的占地面积较大，多用院墙划分，形成各自的院落，各户之间相对独立，由于占地面积的不同造成整体的布局很难形成规整的连续街道。

各户均连接着村落的一条主干道路，多条入户道路交错从而形成该村落网络状的整体布局（图 3-11）。

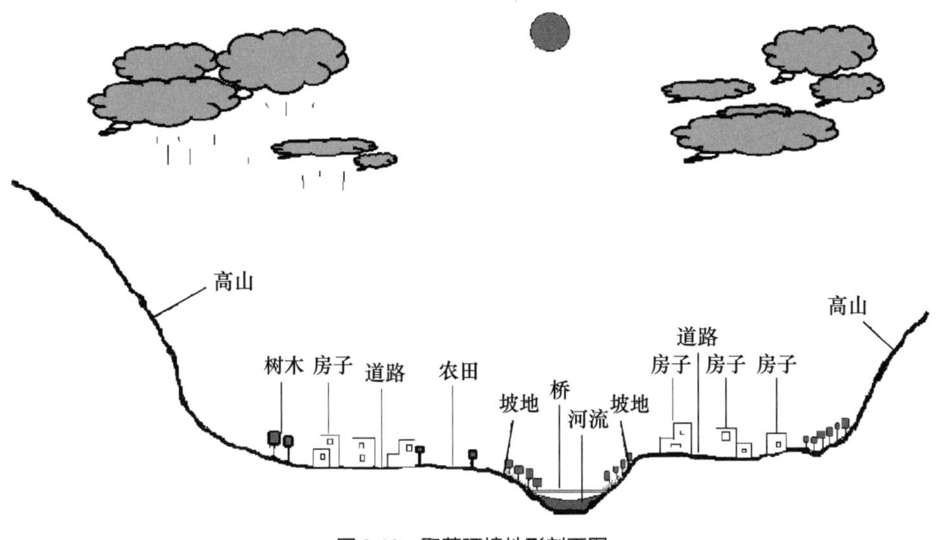

图 3-10　聚落环境地形剖面图

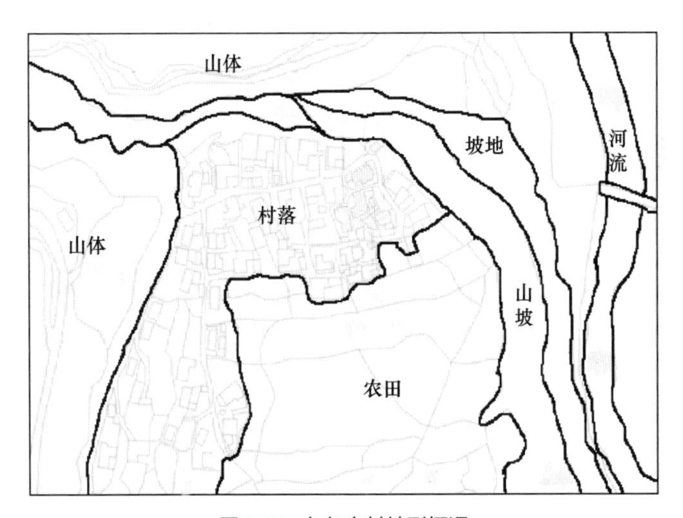

图 3-11　色尔宫村地形概况

村落周围靠近河流和山坡的地方布置农田，主要为农牧耕地以及生产用途，具有一定规模。从平面上看，耕地的大小及间距并不规整，主要由田间小路划分，较大的一些田园则用树枝围起以划定边界，偶有几棵绿树点缀其间，构成一幅生机盎然的田园美景。

田地周围靠近河流的地方便是坡地，河流往往与民居所在地落差较大，并间隔一定的距离，以农田相隔，这样的布置是为了防止雨水洪涝对房屋造成损害。在河水的滋润下，河岸两侧的植被丰富茂盛，河边与田地形成的坡地较陡，可达性低，一般有一条固定的小路到达河边，站在民居点高处能够清晰看到河流的走向。

典型的高原地形为山谷的居民营造了独特的微气候，两侧的高山帮助人们规避了一定的强风，但是由于“焚风效应”的影响，造成谷底的白天与夜晚的温度差异巨大，因此白藏房顺着山谷背面的方向以及山墙面一般不开窗。

河流是影响聚落布局的一个重要因素，乡城境内的大县镇村寨聚落多围绕着硕曲河布置，硕曲河的河水走向也如其名，沿着周围巍峨的高山蜿蜒前行。河水的宽度顺着山势的走向也在不断变化，时而宽阔，时而狭窄。在狭窄的地方，聚落离河流的距离会比河面宽阔的地方要近一些，但仍旧保持一定距离（图 3-12）。

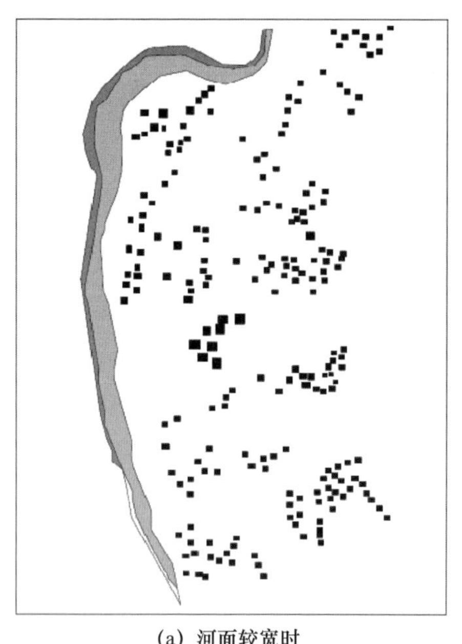

（a）河面较宽时

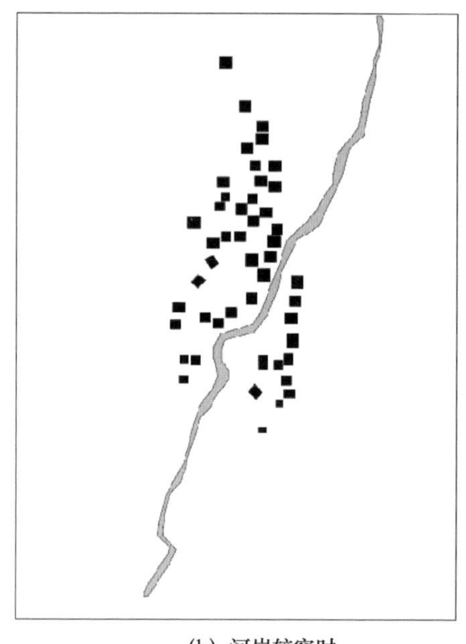

（b）河岸较窄时

图 3-12　河面宽度对于村落布置的影响

3.3 白藏房民居聚落的空间要素

无论是城市还是乡村，一个空间系统可以精炼为主要的点、线、面。点与点之间连接成线，线与线之间连接成面，最后的平面布局展示出聚落的形态特征。空间要素包含的内容较为广泛，这里根据村落的特征而主要强调的是构成聚落平面形态的点和线。两条线路的交错必然会产生交点，而这个交点则是串联起一个聚落或城市的主要的空间节点，而串联起这些空间节点的线就是道路以及河流，道路串接起各个村落内部空间及村落，而河流将各个村落的景观空间要素连接起来。空间的流通让各个聚落的人文气息、功能结构都自然地衔接起来，散发着浓郁而又独特的地域风情与魅力。

3.3.1 空间连接

（1）外部交通

在县城境内 S217 省道斜跨东西方向，与硕曲河并行，二者在县城乡城桥位置交错，大部分村落沿这条省道以及河流排布。这条省道是乡城县的主要交通脉络，连接着各个村落，说是乡城县的经济命脉也不为过。S217 省道东接稻城县，通往亚丁机场，南接云南香格里拉，沿线均为高原美丽的风景区，旅游业基本就是靠着这条交通要道才得以兴起和发展。虽然大部分村落的聚集都是以 S217 省道为主要依托，但仍有小部分乡镇聚落并不依附于这条道路，因此其聚落的数量和规模也相对较小。另一条县道在乡城县县城内北面接入省道，向西北方向与定曲河和玛依河并行，途经正斗乡和热打乡最终接入得荣县。在正斗乡位置，此县道又分出一条支路接入定波乡，这条支路的走向同样是沿着定曲河布置。县城靠西南边的白依乡因地形限制，并不能直接与省道相连，而是接在途经正斗乡和热打乡的这条县道上来组织交通。外部的道路与村落内部的空间连接方式如图 3-13 所示。

图 3-13　沿线道路与村落连接方式

除了基本的房屋沿道路布置之外，村落的内部交通支路则以步行交通组织方式为主。由于经济条件的提升和生活水平的改善，不少村民也有了购买交通工具的能力，因此不少村落内部的步行支路也采取人车混行模式，由图 3-13 可以看出支路的宽度可以容纳小汽车通行。

沿线的主干道路明确标志有各个村落的方向和位置，且路标还有自己的名字，并不是简单的普通路标，而是根据本地文化所做出来的文化艺术作品，旁边堆砌而成的石堆名为“玛尼堆”。“玛尼堆”的周围也做了丰富的环境塑造，主体部分采用地方石材拼接而成，石材的颜色错落交织，留出一小部分的空间以便停车查看或拍照，在主体的周围插着一根根具有当地独特意义的铁杆，路标与地方特色文化相结合，充分地向外来游客展现出本地的特色风俗人情。这种路标作为空间引导的介质往往能给外来游客带来较为深刻的印象，因此在对这种空间连接的路径中增加当地的文化符号元素，能更好地展现出独具特色的地域乡土文化形象（图 3-14）。

图 3-14　沿线道路路标“玛尼堆”

（2）村落内部交通

村落的内部交通主要是根据村落的规模大小来决定，除了县城和乡镇集市之外，大部分村落以步行交通为主，除沿省道边建设的白藏房外，村落内部的交通分为支路主干道和次干道以及曲径小路三种。类似居住区的组团分布一般，不同于平坦的内部小区，由于地形的高低错落，村寨内部通常以石头搭建的石梯和石板过沟的方式互相走动，空间组织比较灵活，不仅巧妙地解决了高差的问题，而且把使用石头堆砌的技艺在道路的组织上发挥得淋漓尽致。

村内许多道路旁边就是房屋的墙面，在各栋房屋的夹缝之间围合线性空间，具有较强的指向性。道路宽度一般在 1 ～ 2 米，因建筑间距的变化而变化，半开敞半封闭的特征尤为明显，空间的秩序感较为突出（图 3-15、图 3-16）。巷口小道旁生长着野花小草，为空间联系塑造了纯天然的景观环境，两侧围墙所形成的阴影可以防止太阳的暴晒，半开敞的空间方便空气的流动，穿巷而过的凉风以及聚落周围的林木结合在一起，构成了记忆中的那条朴素的乡间小道。

图 3-15　村落内部的次干道

图 3-16　曲径小路

稍大些的村落，内部步行交通的路网相对复杂，空间的连接经常会受到部分文物古树和保护建筑的影响。在藏民所信奉的自然崇拜观念影响下，村民们组织村落内部交通时，仍然秉持着尊重自然、保护自然、与自然和谐共处的观念。如图 3-17 所示，虽然当地的林木葱郁，自然资源发达，面对几棵珍贵的老树影响村民的通行时，并未对树木进行砍伐伤害，而是用石头堆砌筑台来保护树木并限制通行高度，村民从树枝间架起的限高杆下经过，保证在不破坏自然植被的情况下方便村民们的通行，用精湛的砌石技艺和劳动人民的智慧，巧妙地组织了村落的内部交通，展现出村民们的自然崇拜理念。

图 3-17　保护自然的交通组织

3.3.2　公共活动场所

线状空间的交错必然会产生节点，这些节点的诞生也是从交通功能出发的，因此并无规律性，占地面积的大小也不一样，空间也并没有规则的形态。部分节点的位置景观元素较为丰富，人在空旷的空间相较于狭隘的地方会更加放松，因此在相对开放的节点空间营造良好的环境有利于改善身心健康，放松心情。

如图 3-18 所示，在部分节点水系与道路交叉时根据白藏房的白色墙面进行构思，掺杂着现代的景观设计，会让空间节点的环境氛围丰富饱满许多。图中的场所为沿河水穿过向上行走的路径，这一部分采用黑色的石板与白色墙面进行对比，对路径来说，黑色不仅耐脏，而且空间基调也与整体吻合。黑白基调搭配石头砌筑的筑台以及几株绿植，再布置几副桌椅，饭后闲余之际，在此休憩，这大概就是人们所向往的田园生活吧。

图 3-18　公共活动场所节点

3.4 白藏房民居聚落的生态意向

白藏房最为鲜明的一个特点就是与自然的协调，之所以被称为遗落在人间的白珍珠主要原因也在于此。从生态学观点看，生态适应是生态系统通过自身调节，主动适应环境的动态过程。聚落生态环境在其生成发展过程中，必须依靠其适应性与生态环境和谐共生。

中国人自古讲究“天人合一”的思想，在中国文化观念里，自然是充满着生命、充溢着灵魂的，各种各样的神话传说都诉说着大自然的神奇，人与自然从古至今都是紧密联系的一个有机整体。而对于藏族而言，与自然相处的观念更为质朴和纯净。“万物皆有灵”的自然崇拜，使得与生产生活方式有关的自然因素都会成为崇拜的对象。反映到生活之中则是以图腾崇拜、民俗禁忌以及约束机制等来规范行为活动。房屋的建设、水源的利用、农田的开发、林木的砍伐等活动的进行都遵循着和谐相处的理念。

3.4.1 自然与聚落形态

乡城县内的白藏房聚落与境内的地形适应得十分融洽，初期的居民对于先天条件的改造能力有限，所以只能借助自然条件建设最基础的房屋，但这种对自然最低程度的改造却最高程度地顺应了山体的聚落及单体建筑形态。主要体现在，大多数的房屋以及聚落都沿着等高线布置，等高线的位置也影响了建筑的朝向，并且出入口的位置也并不都相同，而是根据地形来确定的。

对几个较有代表性的村落进行了等高线的绘制分析除了较大型的公共建筑会对地形场地进行处理外，大部分的白藏房是沿等高线分布的。大部分村落的选址高差呈阶梯式增加，村落选址的差异造就了聚落形态的变化(表 3-2)。

以表 3-2 中的水洼村为例，水洼村最高的白藏房民居位置最高的海拔高度为 3020 米，而最低的仅有 2985 米，两者高度相差将近 40 米，因此路网的布置走向只能顺应村落按照自然的形式通往村落，方便各家各户接入支路

表 3–2 聚落形态与等高线分析

村落名称	水洼村	马色村	下坝村
分析图	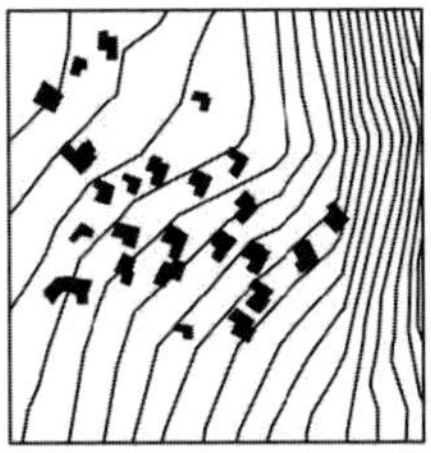	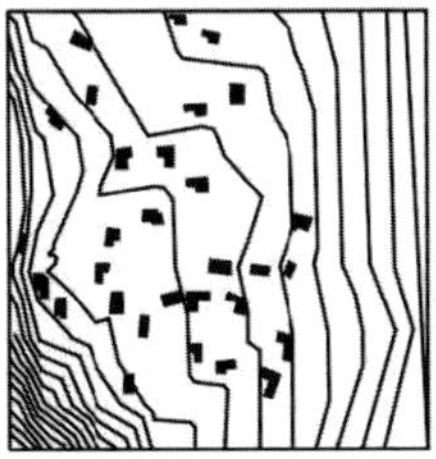	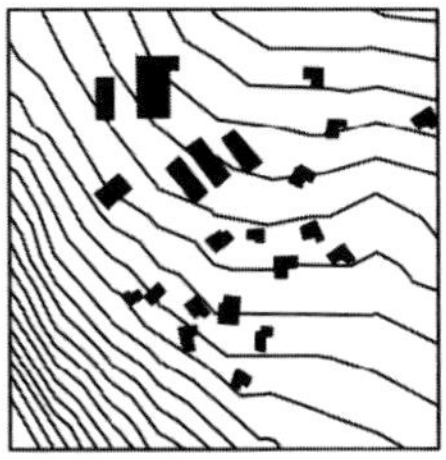

路网。这种道路的布置形式也塑造了村落布置自由散漫的特点，聚落的形态没有明显的对称特征，完全是由道路的地理环境因素来主导白藏房的位置。以马色村的地势为例，位于村落最高位置的白藏房海拔高度为 2856 米，最低的也有 2832 米，且二者距离较远，地势整体较为平坦。路网的走向则是以中间的高度 2850 米为基准线组织聚落内部的主干路，其余的建筑分别在主干路左右接入。整体的形态呈树枝状，虽然有中间道路作为中轴线分割，但两侧的房屋并未采取对称的形式，而是以一种随机生长的方式布置，或左边三五成群，或右边集中成团，如初春桃树开苞一般，朵朵饱满，并不平齐。以上两种聚落形态的组织方式虽然不同，但整体都是按照等高线的走向来布置，缓坡采取平行等高线布置，陡坡则采取垂直等高线布置，不拘于规则的形式。周围都布满了良田，坐落在山间河谷缓坡地区，丰富的植被，造型别致的白藏房错落有致地散落在绿树丛林之间，展现着自身独特的生态意象（图 3-19）。

图 3-19 乡城聚落面貌远景

3.4.2 生产与聚落格局

在高原地区特殊的河谷地理环境和浓郁的藏族宗教文化背景下，由部落游牧聚落逐步演变而来的半农半牧的部落定居村落，是一部微观地域的活态历史，承载着地域空间记忆以及文化生长繁衍的脉络，体现出宗教信仰行为与藏族部落群体、自然山水观念、生计方式结构等对空间形态组织在高原河谷地貌上形成投射的内在逻辑。

聚落的能量流动和生态系统的原理类似，生态系统是指在一定时间和空间范围内，生物与环境构成的统一整体，在这个过程中，生物与环境之间相互影响、相互制约，并在一定时期内处于相对稳定的动态平衡状态。生态系统分为自然生态系统和人工生态系统两大类型。而聚落是附属于人工生态系统类型下的行为活动。但是与纯粹的人工生态系统不一样的是，白藏房的聚落生态系统并没有达到高度的人工生态系统状态。广义上的人工生态系统是指经过人类干预和改造之后形成的生态系统，主要表现在人类对自然的开发、改造，甚至农业生产中干预了动植物的品种和习性，并对气候地形地貌进行了大规模的改造。有着白藏房存在的大部分村落并未达到这样的人工改造高度。藏民们秉持自然崇拜理念，有意识地保护自然环境，并基于此而产生的物质能量的流动，可以称之为基于自然生态系统上的行为活动。

受到生产方式的限制，原始村民的生产方式以“畜牧＋种植”为主，但随着信息时代的到来以及交通的便捷，藏民们原有的生产方式已经转化为以“畜牧＋种植＋经商＋务工”为主要模式，其中主要收入来源是畜牧、务工、经商。而以经商作为主要收入来源的户数毕竟有限，只有地理位置较好，靠近主干道的商铺才能有较好的生意来源。除了种植为主业的大户，一般的种植只能当作维持家庭日常饮食的保障，因此大部分藏民的主要收入来源还是以务工和畜牧为主。虽然现代交通已经较为方便，但由于地域相对闭塞，对外联系较为困难，单独外出采购成本偏高，所以土地仍是村落中十分珍贵的资源。河谷的地貌限制使得山间的耕地没有平原那样开阔，往往比较狭小且修长，农作物的产量又主要受气候因素限制，因此在乡城境内的村落平面图

上，村落大部分都被农田包围，靠近河谷旁的区域则被开垦为良田，这便是生产方式对聚落形态的直观影响（图 3-20）。

图 3-20 农田与聚落交互的布置方式

3.5 本章小结

本章从选址、布局、空间构成、生态意象几个方面入手，结合部分村落的形态、地形以及地貌分析了白藏房选址的因素、布局的类型。结合实地考察和调研图片，对部分村落的空间构成进行了描述，再从生态系统方面对白藏房聚落的构成进行解析。将自由散漫的聚落布局进行分类并对各个类型的特点进行分析，以便于读者对整体的聚落类型有概念性的认识。

另外，又从自然崇拜观念出发对部落内部的交通组织方式进行了阐述，同时从生产方式的角度对聚落形态的影响进行了说明。一些看似随意的组织方式中蕴含着藏族人民特有的文化理念，零散自由的布局也能通过其行为方式等分析其产生的原因。聚落的演变过程永远是随着时代的变化而变化，在此所阐述的生成原因也只是从客观方面分析得出的结论，时代的脚步在向前，藏族的文化理念也在不断地与现代交融，我们所能记录的仅仅是聚落演变过程中的一个片段，但文化理念的传播却源远流长。

4　白藏房民居的平面空间布局分析

通过对白藏房外部表征以及立面装饰手法的描述和分析，我们对白藏房的外部特征以及立面形式有了一个直观的印象。外部表征仅仅表达出了一栋建筑的外在形象，建筑的装饰则是当地人文风情的一种体现，一栋建筑较深层次的内涵则是由平面功能布局以及空间划分来体现的，不同地区民居的空间分配也会受到各地不同的文化等因素的影响而造就不同的空间格局。好的平面空间布局一定是让居住在建筑内部的主人感到舒适的，而位于川西高原之上的白藏房，当然也有一套自身独特的平面空间布局体系。

4.1　白藏房院落空间特征

白藏房的院落依托整体建筑环境构成而建造，是为了适应高原山地地形环境以及半农半牧的生产方式而形成的特色院落。白藏房的院落外墙多采用夯土墙或乱石砌筑而成，各家各户的新旧程度不一，有些是在修建房屋时连带院落外墙也修好了的，有的则是后期加上的外墙，因此会出现不同形式和材质的院落外墙。这些不同材质的外墙围合成一个封闭的院落空间，院落内部主要的功能为生产和生活，具有晒坝、养殖、种植、杂物储存等功能，经

过实地考察发现，最主要的功能还是养殖与种植。如图 4-1 所示为代表性的居民院落空间布局。

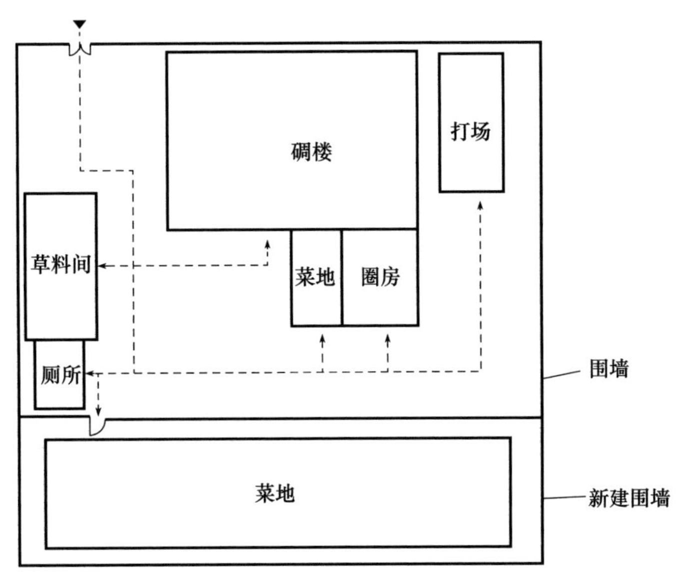

图 4-1 民居院落空间布局

4.1.1 院落构成

（1）空间构成

说到白藏房民居整体空间布局中最重要的空间部分，白藏房建筑主体首当其冲，由于地处寒冷的气候区，建筑一般按坐北朝南布置，以避免风口和便于更多的采光，大门和窗户为了获取更多的日照都尽量朝向南方，因此南立面也是开窗最多、立面装饰较为丰富的地方。

除了建筑主体之外，其次重要的空间就是打场，一般临近建筑主体，主要用途是用于收获季节时藏民们在此拍打谷物。打谷，即在禾场上将收割的麦子、玉米、高粱等谷物脱粒，场地一般选在向阳、通风的地方，然后将脱粒后的粮食摊开，太阳的照射使得谷物内的水分迅速蒸发，粮食去除水分后，便于存储。白藏房中的打场装饰风格与主体一致，但是相比主体建筑要更为简洁一些，结构外露，没有内部的吊顶，打场为一层，设一个简易的门，以防止牲畜进入糟蹋粮食，同时方便居民出入，另外可以搭梯子去顶层，顶层也是作为晾晒粮食的地方，内部则主要承担储藏粮食、农具、车辆、杂物等功能。(图 4-2、图 4-3)。

院落组成结构中第三部分就是厕所，在白藏房营造过程中，受到藏族宗教中的纯净观念影响，厕所与主要活动空间分割开来，厕所为单独修建的一间屋子，一般与打谷场相邻，主要功能就是排泄以及洗漱等，以前的藏式厕所为旱厕，处理粪便以及排泄物会比较简单，并不会影响屋内卫生环境。随着现代生活条件的改善，不少家庭开始接入热水器等现代器具，厕所内部系统有了较大的改观。

院落的第四个部分就是圈房，虽然随着交通的改善，经济条件在不断地改善，生活质量也在不断提高，但在乡城县内部不少村落的藏民仍然过着农牧结合、自给自足或半自给的自然经济生活。受到宗教观念中的自然崇拜影响，藏民把牲畜也作为家庭中重要的一员，专门为牲畜修建房屋，圈房一般设置在侧院，供牲畜白天出来在院落内部放养，晚上再回到屋内，以防被盗。有些藏民家还配有草料间，用于加工牲畜所需要的食物，一般靠近圈房，也可与圈房合并设置，圈房一般靠近白藏房的次入口，方便牲畜进出。院落的组成部分如图 4-2、图 4-3 所示。

(a) 厕所

(b) 圈房及草料间

图 4-2　院落组成部分（一）

(a) 打场

(b) 院落大门

图 4-3 院落组成部分（二）

除去建筑外，就是院落内部的空地了，院落内部一般种有菜地，白藏房的院落一般就比较大，因此园中会包括大量的菜地以及果园，在主建筑的正面，会种植一些当季的蔬菜、葱蒜等，稍远一点的地方种一些果树，其余的地方会空闲出来留作休憩活动空间，再稍微大一些的院落还有后院，后院一般会种植一片果林或玉米等农作物。

院落构成的最后部分就是院门以及院墙了，不同社会等级的人家其院门都是不同的，一般从大门就可以分辨出主人的社会地位，大门的装饰越是绚丽、精致，这家主人的社会地位越高，院落的围墙一般高度为 2m 左右，大多数用石头砌筑围墙，院门装饰风格和碉楼一致，一般设立在院落的西南角或者东南角，少有居中的样式。

另外，院落会因为个体的差异，还设有其他的功能，比如独立的储藏室、堆垛，甚至有些院落会利用坡地的高差设置半地下空间，作为柴火或者杂物堆场。

（2）空间序列

院落整体一般是坐北朝南，辅助建筑围绕着白藏房的主体建筑布置，因地制宜，大门的位置位于东南角，并不直接接入院落，内外各自留有一块缓冲的空间。从路边踏上台阶或是在门外预留的一块水泥地才开始进入民居院落，在心理上有种开始进入别人领地的感觉，而这对于主人来说也是一种到家的心理暗示（图 4-4）。

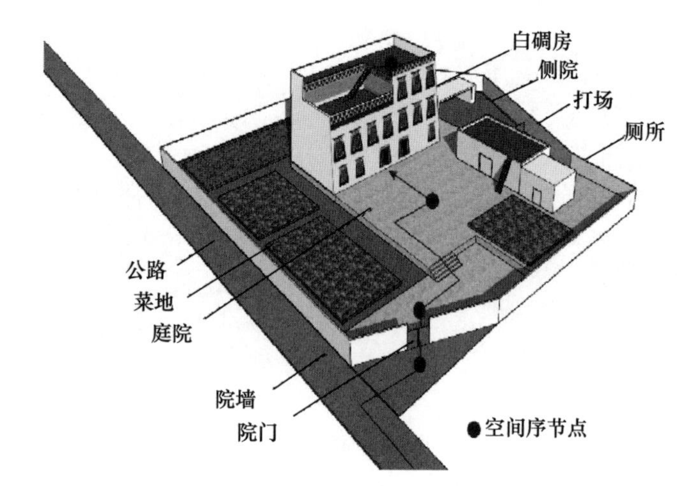

图 4-4　院落构成模型效果展示

在一般普通民居院落里，推开院落的大门，前院的布置便尽收眼底，进入大门，就相当于正式进入了院落，首先踏入的是门内的一块缓冲区域，对于一个完整的院落来说，这一小块空间是通过菜地和辅助用房分割后剩下的，也是必要的空间，使人有一个循序渐进的心理过程（图 4-5）。

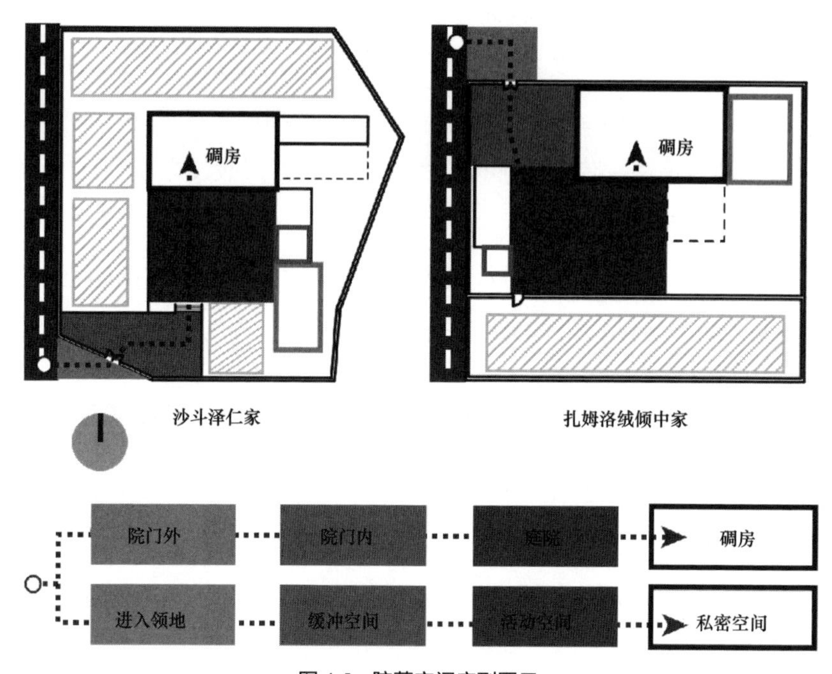

图 4-5　院落空间序列图示

经过缓冲区域后，便直接来到庭院的中心部位，也是居民活动的主要场所，整个院落建筑都围绕着院落的中心布置，白藏房的主立面面对庭院，在庭院中，有些主人还会布置一些景观植被，这些景观植被也是根据主人的需求来选择的，有些人家则直接布置菜地。沿着路径走进白藏房，开门便是直通二楼的楼梯，一层多为圈房，二层则为接待客人的大厅和卧室，上至三层后，室内则是更为私密的经堂，室外则是屋顶晾晒的地方。站在屋顶的晒台上俯瞰整个院落才会意识到院落竟是如此宽阔，白藏房屋后若有多余空地，主人也会种上蔬菜、果树，充分利用自家的每一块土地资源。

与其他藏式的院落空间对比，白藏房的院落空间更显朴实实用，空间功能较为直接，院落的装饰性略显粗糙，但也充分地展现了领地意识。其中较为丰富的院落序列代表民居有马尔康的卓克基土司官寨碉房院落，内部构成秩序为：台阶—大门—屏风—台阶—正门—天井，最后才能进入室内。

4.1.2 院落空间关系

白藏房的院落空间关系是满足藏民生活条件的重要条件之一，合理的空间院落关系才能帮助藏民们在自家领地更加高效地进行劳作以及从事各项其他活动。下面以几个较为典型的空间关系进行解析，以便了解白藏房空间关系产生的原因。

（1）晒台的退让收分构成立体院落形式

白藏房的屋顶是平顶加上女儿墙，屋顶上铺设阿嘎土或结合现代新型的防水卷材来防水，屋顶作为日光最充足的晒台，常常用于秋收季节粮食的晾晒。由于山地地区的日照时间较短，为了更大限度地利用日照资源，晒台的空间在整体建筑面积中占有一定的份额。庭院、打场屋顶、白藏房建筑主体的二层晒台，以及三层平屋顶在秋收之季都可当作晒台使用，在空间上形成了逐层向上的立体院落形式（图 4-6）。

图 4-6 逐层递增的立体院落

（2）庭院与侧院形成丰富的院落空间穿插关系

白藏房民居院落中，不仅有庭院，还有侧院，但侧院并没有典型民居院落那样明显，甚至有些是连在一起使用的。庭院主要的功能是为人提供活动的场所，主要空间是指白藏房与院落大门之间这一段。侧院则是牲畜活动的场所，也可以看作是圈房的用地范围，一般是在白藏房的一侧，不同平面类型的朝向有所不同，因此侧院位置也随之变化，圈房饲养的牲畜从次入口进入室内，所以圈房的布局与次入口的位置关系密不可分。

（3）厕所与白藏房建筑主体关系

由于受到宗教中洁净观念的影响，主体功能部分与厕所分割开来，并且还有一定的距离，并不临近布置。厕所一般靠近打场晒台或者草料间修建，以尽量减少对碉楼的影响。这种关系构成虽然并不是特别方便，但是充分说明了宗教观念对庭院功能格局的影响。

从环境行为心理学的角度来讲，人工塑造的环境是人类的行为（包括经验、行动）与其相应的环境（包括物质的、社会的和文化的）两者之间的相互关系与相互作用的结果，厕所设在房屋的内部肯定要比设在外面方便许多，

但是因为浓厚的宗教信仰及社会文化对人的心理所产生的影响，从而形成了庭院布局中厕所的布置远离居住建筑主体的平面布局。

4.1.3　整体空间规模与尺度

白藏房的空间规模与尺度也有一定的比例关系，这种比例虽然并不是固定的，但也是由修建房屋的工匠们根据长期的实践经验总结出来的，存在着一定的合理性并具有参考价值。为了更好地了解院落的规模与尺度，我们根据实地对比选取了村中比较典型的八户人家，开展了藏式院落的实地调研与测绘工作。根据测绘所得出的数据绘制出各家院落的总平面。总平面表现了院落各功能之间组成部分大致的位置、方向、面积占比。通过总平面图能够更为明确地了解到白藏房的整体布局以及空间分配（图 4-7）。

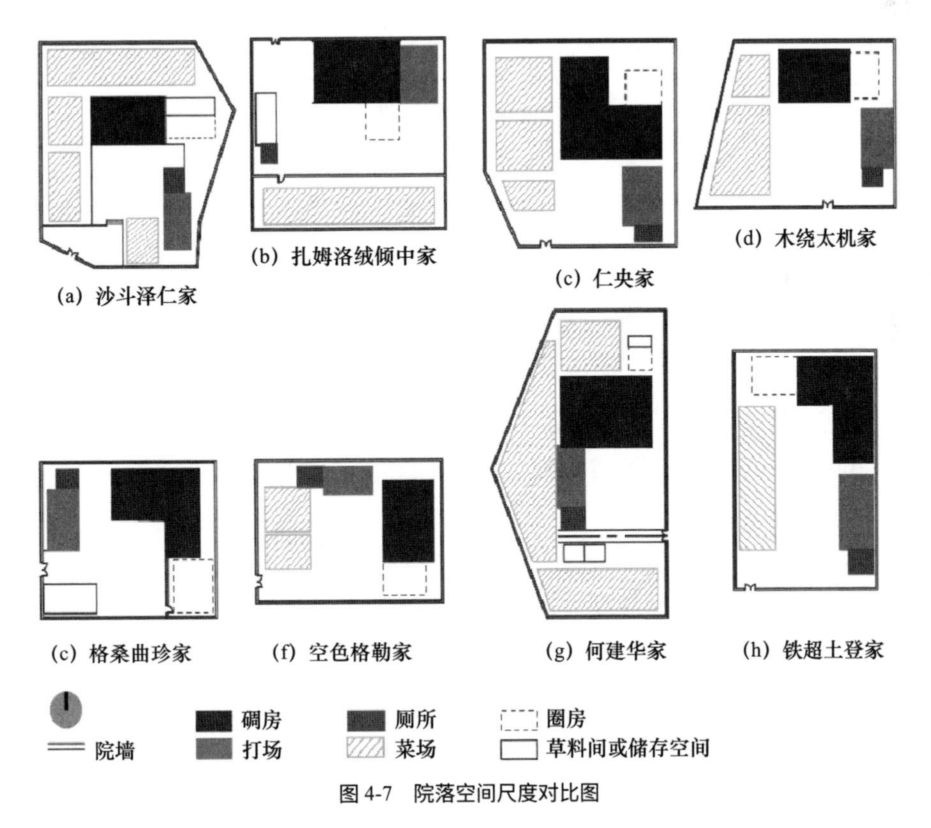

图 4-7　院落空间尺度对比图

除此之外，我们还对这八个典型院落各组成部分进行了面积统计，根据这八家的院落各部分平均面积绘制了饼状图（图 4-8），以便于更加直观地了解各部分所占总面积的比例关系，以此来探究院落空间关系中影响藏民行为活动以及空间分配的主要因素。

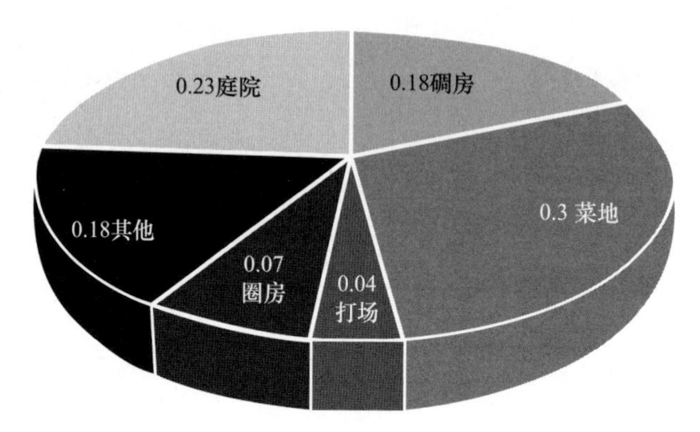

图 4-8　白藏房院落空间各构成面积占比图

从整理出来的数据不难看出，白藏房的院落规模较大，远大于一般的汉族独栋别墅，平均占地面积均在 300 平方米左右，有些甚至达到 500 平方米以上。在巨大的占地面积中，庭院面积占据了总面积的最大部分，其次便是菜地面积，两者在整体布局中所占比例不相上下。从中我们可以看出，虽然现在的经济条件有所改善，但大部分村镇藏民仍旧保留着农业生产方式，饲养牲畜仅仅为辅助生产。圈房是作为大规模牲畜养殖而产生的功能区，往往是首层的面积满足不了圈养要求，才有了外部圈房的存在。然而从面积比例上可以看出，圈房的面积比例较小，更加验证了当前畜牧业的养殖规模都较小。相关数据见表 4-1。

表 4–1　八户典型院落各部分占地面积比例（单位：1000m²）

功能区	八户典型院落							
碉房	0.1	0.14	0.23	0.13	0.23	0.20	0.13	0.2
菜地	0.36	0.27	0.23	0.29	0.00	0.21	0.40	0.19
打场	0.03	0.03	0.05	0.04	0.08	0.04	0.04	0.06
圈房	0.06	0.06	0.04	0.04	0.16	0.07	0.02	0.07

续表

功能区	八户典型院落							
庭院	0.21	0.38	0.3	0.36	0.33	0.28	0.31	0.36
其他	0.24	0.12	0.15	0.18	0.20	0.20	0.1	0.12

另外，从实地的调查中我们所见到的白藏房无论是整体面积规模或是建筑体量都占用了过多的土地资源，特别是在整体布局中，我们可以看到空出的院落活动空间面积十分宽裕，虽然高原有着相对宽阔的土地面积，但这种大规模的占地并没有得到充分的利用，与当前提倡的节约资源的环保理念有冲突。

4.2 白藏房民居建筑平面布局特征

藏族人民的生存长期依附于自然，并逐渐演变和转化为敬畏和崇拜自然，因此这种强烈的观念无时无刻不在影响着藏族人民的各种生产活动以及人为塑造的环境，而扎根于宗教信念的白藏房建筑，其平面布局中必然也与此有着紧密的联系。白藏房的主体建筑占据着空间最主要的地位，其内部的空间尺度虽有一定的联系，但并没有特别的规律性，空间功能分割的随意性使得内部空间尺度也相对随意。

4.2.1 平面的基本功能构成

与汉族的基本布局特征不同，藏族人民在“自然崇拜”的影响下，相信一切自然界的生灵都有可能是神的使者或神的化身。由于这种特殊的宗教思想加持，在藏族建筑空间布局中，则产生出一种独特的“神性空间”，因此藏族民居的空间性质基本可以划分为两类——神性空间和俗世空间。神性空间又可以细致划分为“经堂与火塘”，俗世空间则可以划分为人居空间以及生产空间。基本的功能空间构成如图 4-9 所示。

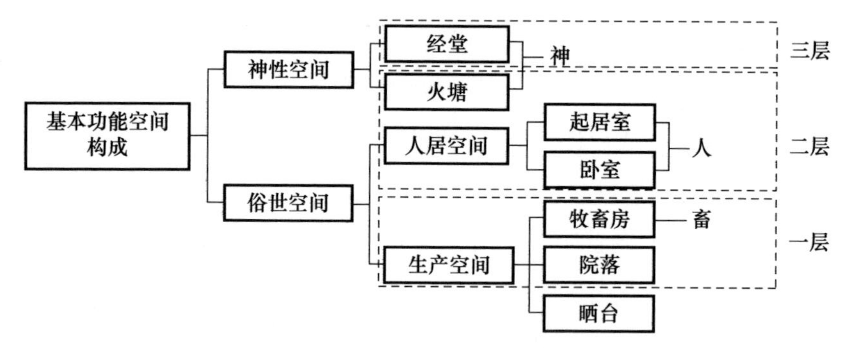

图 4-9 基本功能空间构成示意图

从图 4-9 中我们可以看出，神性空间的位置一般是在建筑的最高层级，通常白藏房的普遍层数为两到三层，而两层的白藏房，将神性空间布置在顶层。空间功能的层数划分上，依旧是把神性空间摆放在第一位。而俗世空间则为其次，俗世空间的划分中，人居空间排列在第二位，也是最接近神明的地方。另外生产活动的空间则摆放在最后一位，牲畜房与院落的层次最为低下。晒台作为室外空间，暂不计入建筑内部空间布局之中。

4.2.2 平面的基本单元

除了空间的分类性质不同之外，藏族人民与汉族人民对于建筑规模大小的计量方式也完全不同，汉族是以房间的间数作为计量单位，四面墙所围成的空间即为一间，常常用房间的数量简称来形容户型规模，比如三室一厅、一室一厅等。而白藏房的计量范围则是以“柱间”来衡量建筑规模的大小，这也与藏族的“中心柱”崇拜思想有关。在藏传佛教之中，须弥山被认为是宇宙的中心，天梯是连接天与地的纽带，民居建筑中的“中柱”就是源自须弥山和天梯。在这种“中心柱”思想的驱使之下，藏族人民对于房间中央所存在的柱子不仅不会认为妨碍家人的行为活动，反而认为柱子的数量越多越好。

白藏房不仅以墙体和屋顶围合而成的空间来计数，而且以每间屋子立面的柱子来衡量空间。房间内立有一根柱子则称之为“一柱间”，有两根柱子的则称之为“两柱间”，以此类推。而衡量房屋规模的最基本单元就是“一柱间”，但往往在建筑中还会存在没有柱子的小房间，比如储藏室，这种房间则计为“半柱间”。与汉族计量方式进行换算的对应关系是，一柱间就相当于汉族的两开间，两进深；两柱间一般相当于三开间，两进深，具体的对应关系见表 4-2。

表 4–2 平面基本单元对照表

平面形式							
藏族	半柱间	一柱间	两柱间	三柱间	四柱间	五柱间	六柱间
汉族	一开间 一进深	两开间 两进深	三开间 两进深	四开间 两进深	三开间 三进深	六开间 两进深	四开间 三进深

从表 4-2 中可以看出，白藏房的基本单元普遍面积较大，最小的单位“半柱间”都相当于汉族户型面积中正常的“一开间一进深”。柱子在房间里面的分布普遍较为规整。最高甚至可达六柱间，对应汉族的房间面积就是四开间三进深之大，单个房间的面积之大令人惊叹。

4.2.3 平面的形制分类

白藏房民居的一大特点就是“大”，不仅房间的面积大，构件的尺寸同样偏大，建筑的整体规模以柱头的数量来计算，经过现场实地的调研，一般的白藏房民居的建筑规模在 35 ～ 68 柱之间。根据平面基本单元的组合，平面的整体形制大致划分为两种类型：“一”字形和“L”字形。以下是对部分调研的建筑平面类型进行的实例分析。

（1）“一”字形平面民居实例

案例一：木绕太机家民居，该民居的总建筑面积达 414m^2，规模为 35 根柱，相比于传统的汉族民居，在建筑尺度上要大出许多，然而这还仅仅算是较为普通的规模，甚至可以说是普通规模中较小的了，建筑层数仅有两层，相较于传统的白藏房建筑少一层，内部的装饰较为简单。这家主人的生活可基本概括为：只有女主人在家照看孩子，其他成员都外出打工，由于劳动力的缺少不得不放弃饲养牲畜，目前随着政府大力发展旅游业，准备打造民宿客栈。一层原本是饲养牲畜的房间，经过装修改造后，设置成为一个较大的客厅以及一个小卧室。不过仍然可以从两扇门的布局中体现出原本的功能分区特点。其基本信息汇总见表 4-3。

表 4–3　木绕太机家民居建筑概况

<table>
<tr><td>建筑平面形式</td><td>“一”字形</td><td rowspan="6">（a）民居建筑实景</td></tr>
<tr><td>建筑结构形式</td><td>夯土外墙，内部框架</td></tr>
<tr><td>柱子数量</td><td>35 柱</td></tr>
<tr><td>建筑层数</td><td>两层</td></tr>
<tr><td>建筑面积</td><td>414 ㎡</td></tr>
<tr><td>建筑朝向</td><td>南</td></tr>
<tr><td colspan="2">（b）一层平面图：平面呈“一”字形，底层为起居室、杂物间和一个小卧室</td><td>（c）二层平面图：平面也呈“一”字形，主要功能为经堂和卧室</td></tr>
</table>

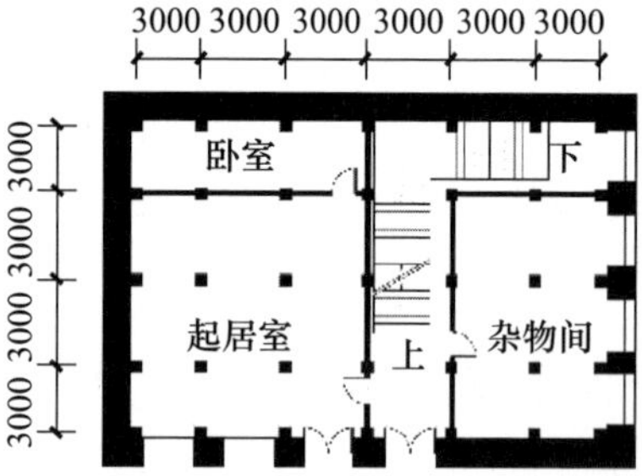

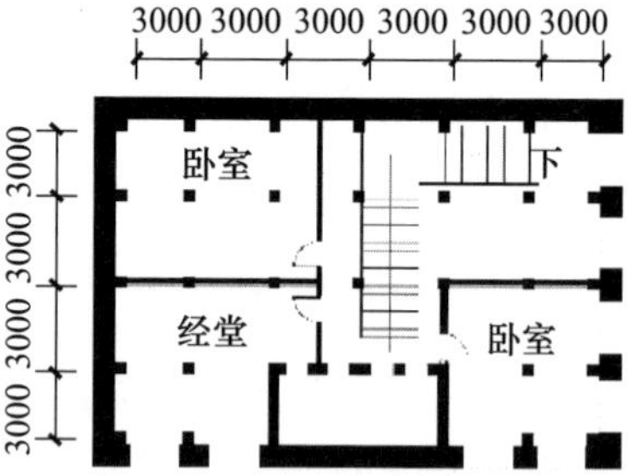

从表 4-3 中可以看出，经堂布置在二楼，而且占据了相当大的面积。二层的布局也用晒台将经堂与另一个卧室分开，给经堂以独立的空间。一层的布局采用传统的方式，一进门即为楼梯直通二楼，右侧杂物间堆放物品，左侧经改造后客厅面积相当大，将近 80m²。同样从外立面的装饰上可以看出二楼的窗户装饰较为细致，相对于一层很容易判断出这栋建筑经堂的位置。

案例二：沙斗泽仁家民居，该民居建筑属于白藏房民居形式中比较常见的“一”字形三层构造，原本的布局符合传统的布局方式：底层饲养牲畜，中部供人起居，顶层供奉神明。但后来由于卫生需求，主人在建筑的左侧附加了一层附属房间作为牲畜用房，原本的牲畜用房改为了杂物间，但仍然保

留着两扇门的格局。二层仍旧是人们日常活动的主要区域，主要功能是卧房。三层是整栋建筑中最重要的一部分，主要是经堂和晒台。基本信息见表 4-4。

表 4–4　沙斗泽仁家民居建筑概况

建筑平面形式	“一”字形	
建筑结构形式	夯土外墙，内部框架	
柱子数量	35 柱	
建筑层数	三层	
建筑面积	594 ㎡	
建筑朝向	南	（a）民居建筑实景
（b）一层平面图：平面呈“一”字形，底层为起居室和杂物间	（c）二层平面图：平面也呈“一”字形，主要功能为卧室	（d）三层平面图：平面呈“L”字形，主要功能是经堂

由表 4-4 中的基本信息可以看出，虽然同为 35 根柱子的数量，但是这户人家相较于前一户案例面积要大得多，这也是因为每个房间面积相对较大。但实际的房间数量相差不多，沙斗泽仁家的一层也进行过改造，一楼现改造为两个杂物间，一个起居室，入门映入眼帘的依旧是楼梯。功能与上一个案例的分布基本类似，差别就是储物间面积与卧室面积的大小不同。进入二楼，沙斗泽仁家的二层全部布置为卧室，卧室的大小和面积的差距也十分夸张，最大的卧室为 6 柱间尺寸，实际面积接近 $100m^2$，最小的仅有 $10m^2$。这种夸张的布置手法建立在其富余的建筑面积之上。第三层正在装修中，但从平面的功能布局上来看，依旧可以看出，经堂的位置也是布置在朝南的方向，便于采光，晒台与经堂的面积相仿。剩余的部分则作为楼梯部分以及杂物间，阴雨天的时候，可以将粮食从晒台暂时撤回杂物间堆放。

案例三：空色格勒家民居，该建筑也是经历过改造的，改造日期为 2011

年，算是较为近期的改造，这时人畜分区观念已经相当成熟，因此建筑本身就没有在底层设置牲畜房，牲畜房设置在一层的木架构的矮房之中。因此与第一家不同的是，空色格勒家的主体建筑仅有一个入口，较为独特。基本信息见表 4-5。

表 4–5　空色格勒家民居建筑概况

<table>
<tr><td>建筑平面形式</td><td>“一”字形</td><td rowspan="6"> （a）民居建筑实景</td></tr>
<tr><td>建筑结构形式</td><td>夯土外墙，内部框架</td></tr>
<tr><td>柱子数量</td><td>35 柱</td></tr>
<tr><td>建筑层数</td><td>二层</td></tr>
<tr><td>建筑面积</td><td>432 ㎡</td></tr>
<tr><td>建筑朝向</td><td>西</td></tr>
<tr><td colspan="2"> 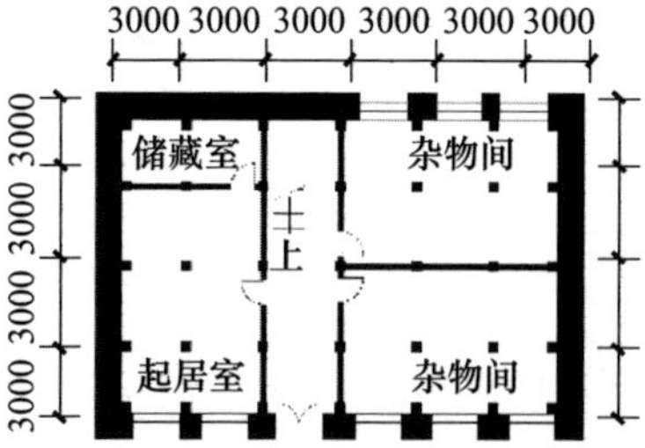（b）一层平面图：平面呈“一”字形，底层主要功能为起居室、杂物间</td><td> 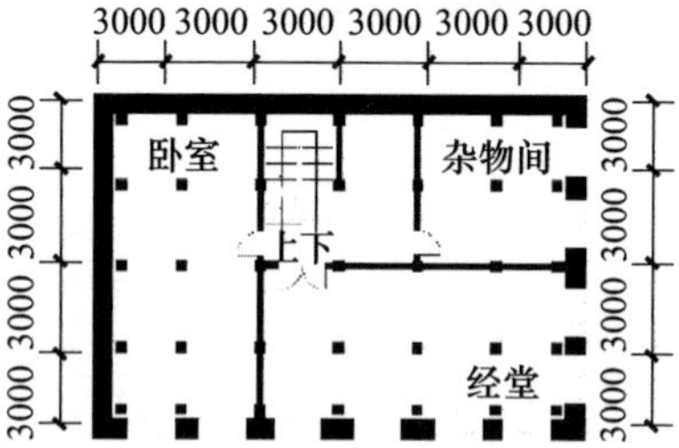（c）二层平面图：平面也呈“一”字形，主要功能为经堂、卧室和杂物间。</td></tr>
</table>

由表 4-5 可以看出，空色格勒家的外立面的形象较为特殊，仅有一半的檐口为红色，也就是二层的经堂部分装饰有红色檐口。另外建筑的整体朝向也是向西，内部的功能分布仅有一间卧室。大部分空间是杂物间，二楼面积被卧室、经堂、杂物间分割，整体的空间布局与其他民居相比较为特殊。

（2）“L”字形平面民居实例

案例四：铁超土登家民居，该民居建筑呈“L”字形，共三层，总建筑面积达到 1017m^2，规模在白藏房中算是较大的。铁超土登家的柱子数量达到了 57 根，并且每一层的柱子尺寸和形状都有所不同，一层的柱子为圆形，尺寸最大，二层与三层的柱子为方形，且第三层的柱子比第二层要小。从铁超土登家的一层平面也可以明显看出两个门的形制，这也表明原来的一层也是作为牲畜房使用的。三层是近期加建而成，原来的建筑仅有两层，所以经堂设置在二层，与主人沟通了解到，待三层装修完毕后将会将二楼的经堂迁移到第三层。由此可见，白藏房无论多大面积，何种形制，神性空间永远处于建筑的最高地位，并且在建筑面积中占据一定的面积。基本信息见表 4-6。

由表 4-6 中可以看出，铁超土登家的外立面较为华丽，且由于最近不久才进行的加建，房屋的整体形象较新，窗户的雕纹手法细腻，颜色搭配十分艳丽。由二层转折处的最大最华丽的窗户可以推断出经堂位置。“L”字形较短的部分作为侧面，基本由杂物间和经堂占据，待三层装修完毕之后，经堂的位置会挪到原有位置的上面一层，基本功能保持不变。

表 4–6　铁超土登家民居建筑概况

<table>
<tr><td>建筑平面形式</td><td>“L”字形</td><td rowspan="6">
（a）民居建筑实景</td></tr>
<tr><td>建筑结构形式</td><td>夯土外墙，内部框架</td></tr>
<tr><td>柱子数量</td><td>57 柱</td></tr>
<tr><td>建筑层数</td><td>三层</td></tr>
<tr><td>建筑面积</td><td>1017 ㎡</td></tr>
<tr><td>建筑朝向</td><td>西</td></tr>
<tr><td>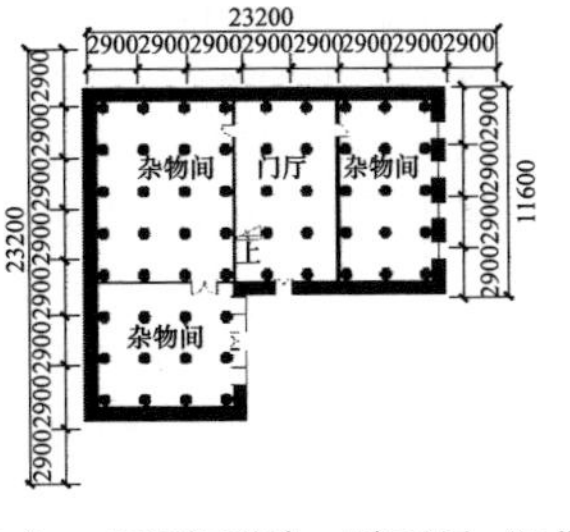

（b）一层平面图：平面呈“L”字形，底层主要功能为杂物间</td><td>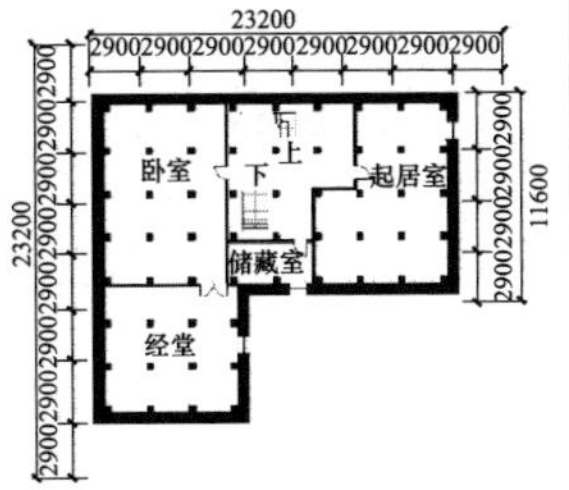

（c）二层平面图：平面也呈“L”字形，主要功能为经堂、卧室和起居室</td><td>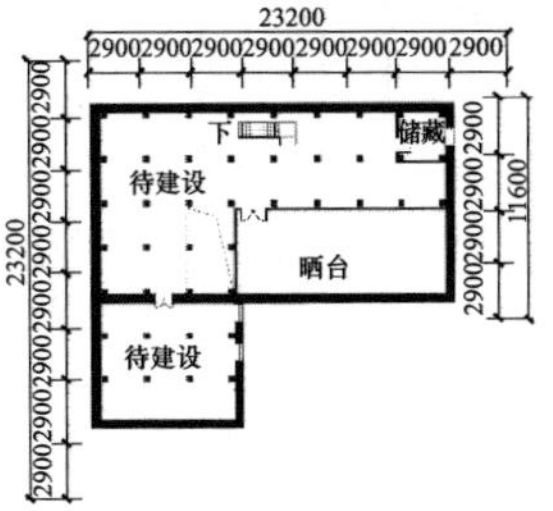

（d）三层平面图：平面呈“L”字形，目前正在进行装修</td></tr>
</table>

案例五：扎姆洛绒倾中家民居，该民居建筑平面也为“L”字形，建筑

层数为三层，一共有 56 根柱，是原始传统功能分区保护相对完好的一家。一层基本保留了原有的牲畜房，二层为主要活动空间，主要布置起居室和卧室，三层布置经堂用于祭祀祈福，部分空间后退形成矩形的晒台，整体的平面布置完全满足传统白藏房民居的平面布置规律：底畜—中人—上神。一层门厅的面积较大，牲畜房也位于“L”字形较短的侧房部分，建筑正面朝南，经堂在三层的侧面部分，三层的经堂部分不仅朝东开两扇窗户，而且南向部分也同开了两扇窗。基本信息见表 4-7。

表 4–7　扎姆洛绒倾中家民居建筑概况

建筑平面形式	“L”字形	
建筑结构形式	夯土外墙，内部框架	
柱子数量	56 柱	
建筑层数	三层	
建筑面积	1146 ㎡	
建筑朝向	南	（a）民居建筑实景
 （b）一层平面图：平面呈“L”字形，底层主要功能为杂物间	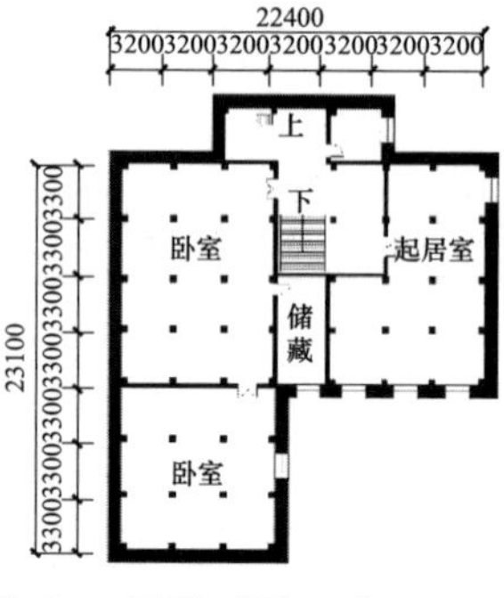 （c）二层平面图：平面也呈“L”字形，主要功能为起居室、卧室	 （d）三层平面图：平面呈“L”字形，目前正在进行装修

由表 4-7 中可以看出，扎姆洛绒倾中家的白藏房“L”字形较长的一侧还扩建一部分小面积的室内空间，暂时也作为小杂物间使用，并且在小杂物间后设置有后门。卧室的面积大小同样相差较大，六柱间、四柱间、半柱间都有。三层由于面积较大，设置了三个卧室以及储物间，但并未设置起居室，仅作休息使用，因此主要活动空间依然为二层，由于经堂在侧房中，处于相

对独立的一个功能空间，综合来讲，三层的主要功能依旧是供奉神明。

（3）楼层内部实摄图及功能分析

过去的大多数白藏房民居一层功能多以畜牧为主，不少家庭目前仍旧保持着这个功能。但是由于经济条件以及生产方式的改变，白藏房民居的一些功能开始发生了转化。而笔者在实际的探访调查过程中了解到，目前白藏房民居首层仍旧作为牲畜养殖空间的家庭在不断减少，大部分牲畜的饲养已经承包给了专业的工厂，而一般人家养殖牲畜的规模较小，整个一层空间作为养殖场所比较浪费，饲养牲畜的强烈气味会影响整栋建筑的居住品质。并且伴随着生产工具以及交通工具等物品的增多，一层的饲养牲畜功能逐渐被储存功能取代。并且在实际的探访中，不少老房间的内部仍然可以看到过去饲养过牲畜的痕迹。一些二层的白藏房则基本舍弃了饲养牲畜这一功能，直接将首层设置为人居空间。现代生活的普及，对白藏房民居的功能布局也有很大的影响，首层功能也不再是确定的功能布局，甚至原有的层级划分体系也不再适用于所有的白藏房民居。现代的白藏房功能布局已然在悄悄地发生着改变（图 4-10）。

(a) (b) (c)
(d) (e) (f)

图 4-10　白藏房民居一层实景图

民居的第二层是真正意义上的人居空间，藏民们的会客、休憩、公共活动以及少部分经堂房间都会设置在此层。二层功能房间分配较多，依据楼层的变化以及其他生活因素的影响而调整，但最基本房间主要包括客厅、卧室，厨房及储物间，其他附属功能用房，例如厕所、储藏室等则根据不同的家庭情况设置。但二层的整体装饰以及柱子相较于一层普遍要更加精细。柱子的形式也与一层不同，多为方形柱，且布局更为整齐，柱子会刷上油漆防止腐蚀和虫蛀。二楼也是建筑挖空最多且修筑最麻烦的地方，因为要考虑到整体建筑的采光需求，整个二层的开窗也是最多的一层。在二楼布置经堂的民居，一般会靠墙设置，且开窗面积最大。客厅和卧室都沿墙开设窗户，以保证采光。楼梯则与客厅靠近以便于保持建筑中央部分的采光功能。各房间功能多以木板墙隔开，有些隔断墙会设置雕花壁柜，少数木墙会做雕花装饰(图 4-11)。

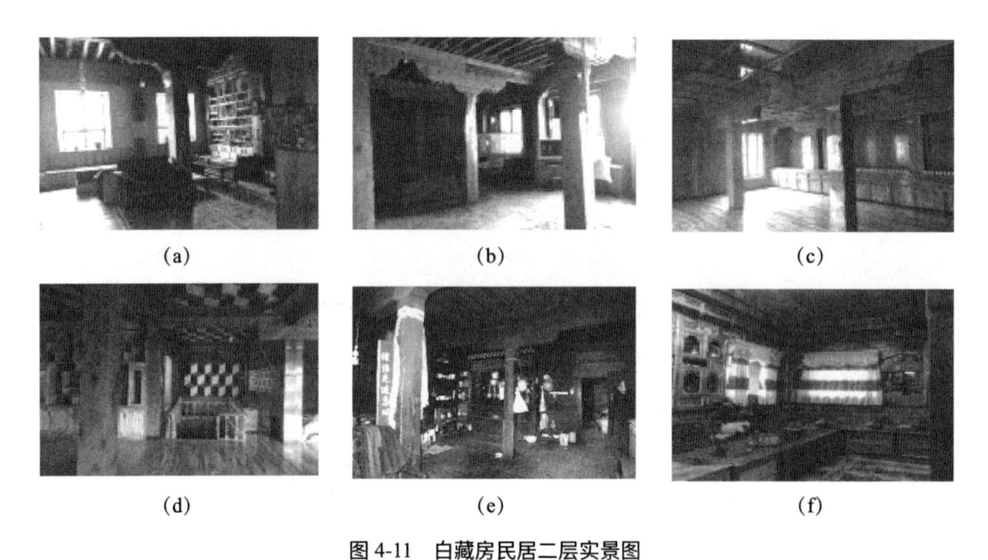

(a) (b) (c)

(d) (e) (f)

图 4-11　白藏房民居二层实景图

三层的平面组成部分与二楼有部分功能重合，但从功能上来讲主要承担宗教活动（经堂供奉、烧松柏枝）、采光（设置采光井敞间）、晾晒（露台、敞间）、排放（烟囱和排水）、储藏粮食等功能。房间富余的人家还会在三楼设置一到两间卧室或储物间，但大部分民居三层的主体功能主要是经堂和晒台。其中经堂是最为重视的一个地方，一般设置在三层的经堂占据的面

积较大，内部墙体用木板装饰，木墙上绘制壁画，雕刻着各种藏族文化符号。

晒台则根据建筑主体形状变化有所差异，一般情况下的晒台位置多位于顶层平面的南边。晒台与敞间之间设置防水卷材，以防止晒台的水流入室内。二层的厨房上方会留一个排烟的烟囱通往三层，烟囱通常设置在靠近外墙的地方。富裕一些的家庭会将敞间设置墙体或者玻璃，营造半封闭廊道(图4-12)。

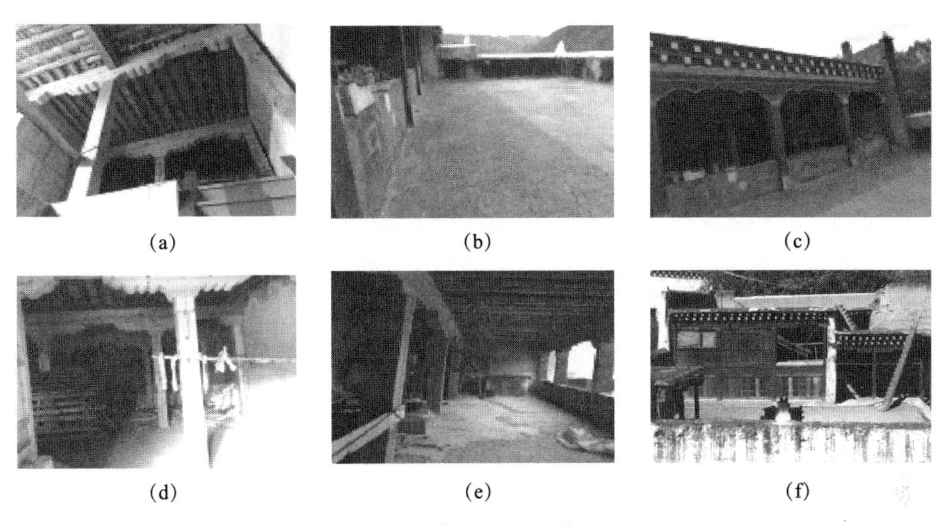

图4-12　白藏房民居三层实景图

4.2.4　白藏房建筑平面组织规律

经过多个实地建筑案例分析发现，白藏房民居大多数为三层，其次为两层，层数主要受各个家庭条件的限制与消费观念的影响，三层的白藏房占据大多数也充分说明了藏族人民的经济水平在不断提高。在只有两层时，平面布局会将储藏室、起居室布置在一层，卧室与经堂布置在二层。有三层时，则会将经堂升到顶层，起居室与卧室布置在二层。而牲畜房间的布置方式则有两种模式，分散式与集中式，集中式是指将牲畜房布置在底层经堂所对应的部位，分散式则是指在院落内另外修建一间或多间木结构的矮房，将牲畜置于矮房之内。楼梯间的位置一般布置在主体建筑的中间部位，主要原因是方便联系各功能空间。

白藏房建筑中起居室是人们休息、聚会、接待客人以及就餐等的主要场所，也是人居空间中的核心部位，使用时间最长，使用次数也最频繁，因此其面积也是最大的。经堂的面积也占据着一定比例，但作为整个建筑中最高地位的部分，其永远处于建筑中最高的位置，并且具有良好的朝向、采光和通风。

白藏房中的晒台也是十分重要的，在两层的白藏房建筑中，由于建筑面积本身的限制，因此直接在顶层作为晒台空间；而三层的白藏房建筑则是在第三层选取部分空间进行后退，形成晒台空间，用以晾晒衣物被子、农作物等。另外靠近晒台的部分往往会设置堆物间，以方便在雨天收回粮食或作为储存空间。

由于现代生活方式的演变以及经济条件的改善，原有的功能空间在逐渐发生着改变，很多原有的一层牲畜房被改建为起居室。不仅仅是因为卫生条件的原因，另一方面是由于现代生活的介入，使得藏民的生活方式发生了改变，放牧已经不再是各家各户的必需生产方式。当养殖放牧的功能已不再成为刚需，随着时间的推移会逐渐淡出白藏房的平面布局之中。

4.3 白藏房内部平面空间关系分析

通过以上的案例分析，我们总结出了白藏房的一些平面空间的布置规律，白藏房的内部空间主要功能已经确定。与汉族不同的是，汉族民居是随着院落布置各个功能房间，总体布局讲究对称原则，具有明确的轴线关系，而白藏房民居建筑的整体布局由于存在着神性空间，因此在空间上相较于汉族而言有着明确的序列关系。因此结合一些白藏房的案例可以对其内部平面空间关系进行分析。

4.3.1 空间序列关系

白藏房民居建筑从建筑总体布局中看似毫无任何逻辑性可言，但经过实地的调研，我们发现在这些无序之中也暗藏着规律。首先，有条件的地方民居的建设大部分是临近主干道而建，一方面为了方便交通，另一方面也形成了一种过渡的空间关系。从室外到室内的过程基本上都要经过道路—院门—院落—附房—大门—室内，从空间性质方面分析可以看出，是由公共区域转向半公共区域最后到达了私密区域的过渡（图 4-13）。而在这个行进过程当中，人的心理会产生由紧张防卫逐渐到放松的转变，与空间性质变化完全吻合，正好符合环境心理学中的设计规律，这种空间的过渡变化会使人们对于主体建筑产生强烈的领域感和归属感。

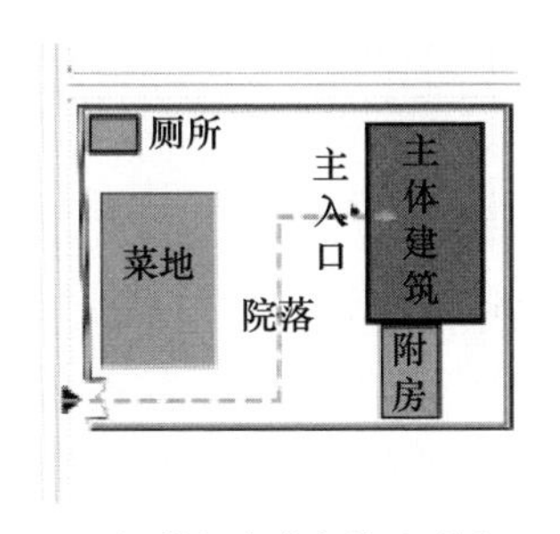

(a) 铁超土登家总平面图

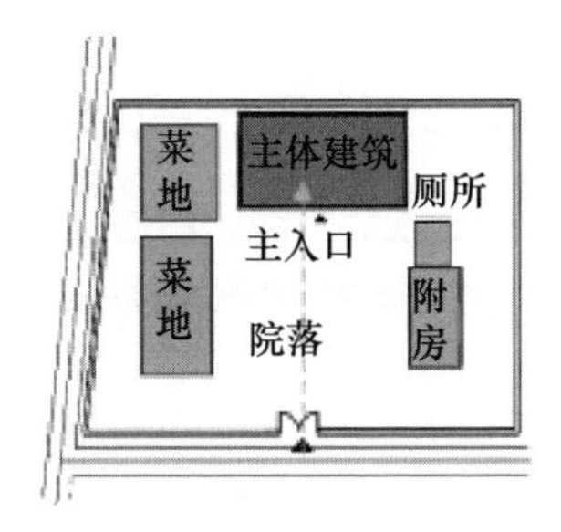

(b) 木绕太机家总平面图

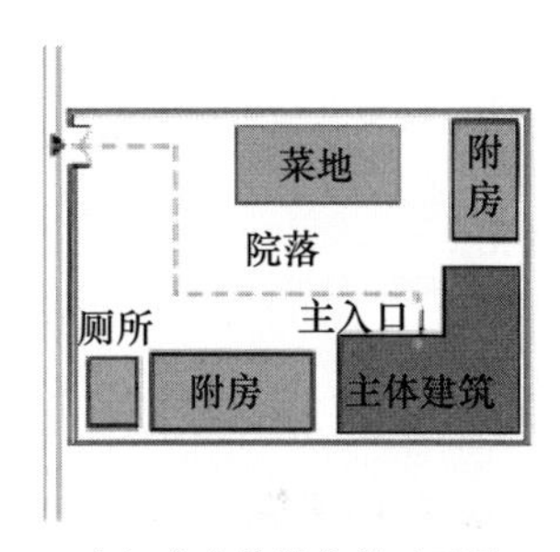

(c) 空色格勒家总平面图

图 4-13 白藏房民居内部空间的序列分析

这种空间的序列关系不仅在院落上有所体现，而且在建筑室内的平面也有着完整的序列关系，楼梯间通常设置在建筑中间，通过木质的楼梯联系着各层的功能空间。而入口的门厅、二层的过厅、三层的晒台则是联系立体空间的主要交通媒介，属于家庭成员的公共区域。二层的主要功能为人居活动空间，主要包含卧室和起居室，其中卧室属于私密空间，起居室则属于半私密空间。三层的主要功能则是晒台，经堂也是一家人最重要的活动空间，一般不允许其他人进入，所以经堂也属于内部的私密空间，而晒台则属于家庭成员的公共生产空间，建筑内部空间序列关系如图 4-14 所示。

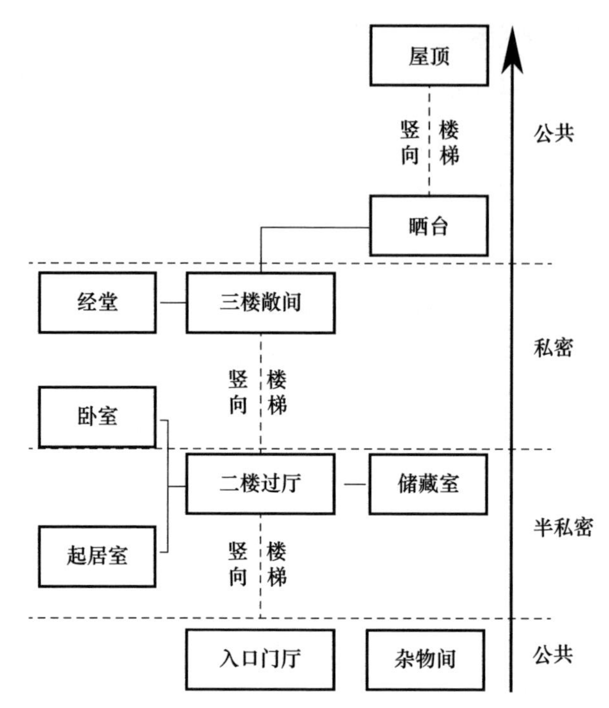

图 4-14　白藏房民居内部建筑空间的序列关系

4.3.2　内部空间伦理关系

在白藏房民居中，最重要的空间是经堂，通常会将经堂设置在最高的一层，这也与藏族的信仰有关，经堂被藏族人民认为是神的居所，是神圣的，只有在诵经、祭祀、祈福时藏族人民才会进入。与其他房间相比，经堂的装饰会更加华丽和细腻。有的藏民人家在修建白藏房的时候，经堂的层高会建造得比其他房间要高一些，经堂的朝向往往也是一栋建筑的最佳朝向，一般是朝南。即使受到地理条件的限制，室内的经堂也会往最佳朝向修建，并且在最佳朝向的一侧开窗，经堂的窗户也更大更华丽，经堂往往具有良好的采光和通风效果。

其次重要的便是起居室，因为起居室的主要功能就是饮食以及会客。饮食必然需要生火，往往起居室内会设置火塘，火塘文化使得起居室具有了神性，并且起居室的使用时间和频率都是最高的，也就注定了起居室会作为建筑使用的核心功能空间，同时也是神与人共享的空间，兼具神圣与世俗的两

种性质使得其地位等级仅次于经堂。而乡城人民的一些传统习俗在此也有所展现，例如灶台上雕刻的壁画，以及猫咪在壁画中的地位都展现出人居空间中对神明的尊重。

最后重要的就是卧室了，民居的基本功能就是提供给居民休息睡觉的地方。白藏房的民居布置都较为简单，仅仅有床和矮柜，一般都布置在二层以保持一定的私密性，少数两层楼的白藏房会在一楼布置一个或两个卧室。最低级的便是牲畜房了，一般布置在主体建筑一层或者主体建筑旁边搭建简易的木质构架的矮房作为牲畜房，现在由于生产方式的转变以及卫生条件的要求，基本上是采取第二种方式。牲畜房内的光线比较昏暗，卫生条件也比较差，同时也没有任何多余的装饰，与人居空间以及神性空间形成较为鲜明的对比（图 4-15）。

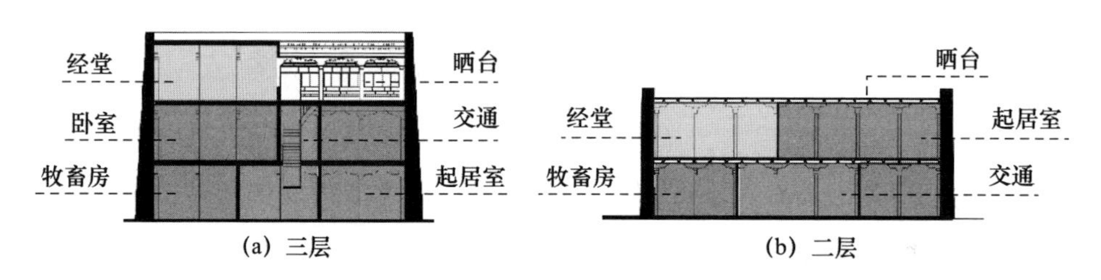

(a) 三层　　(b) 二层

图 4-15　白藏房内部空间位置与等级关系划分

4.3.3　内部空间生长关系

我们在实地调研的过程中发现，许多的白藏房都在不断的改建中，甚至是逐渐建成而并非一次性建成的。这也是为何多家民居在装修的原因。同时由于家里人口在不断增加，生活水平在不断提高，因此需要扩大现有的房屋规模，以满足家庭所有成员的住房需求。一般扩建的方式分为两种：一种是在原本建筑的基础之上直接向上增加建筑层数，这种扩建的手法相对比较简单，向上扩建的部分可以有选择地扩张，根据家庭成员的数量来合理扩建，且根据需求控制晒台面积的大小；第二种则是在一层加大基地面积，从而达到增加各层面积的目的。

多数藏民白藏房的扩建方式会选择第一种，在向上加建的同时并不是完全按照下一层的屋顶面积全部加建，而是依据功能需要和家庭经济条件优先考虑在原本的建筑基础上后退形成一个矩形的晒台空间，这也使得建筑的整体立面形态变得更为丰富，同时增加了建筑的空间趣味性。经济条件比较好的家庭会选择整层向上增加，但顶层最终仍会保留一个矩形晒台空间。其内部空间的生长模式见表 4-8。

由表 4-8 中我们可以看出，无论是“一”字形平面形制还是“L”字形的平面形制，都会受到经济条件改善的影响而成长。最终的形态都基本一致，白藏房是在生长过程中不断进化最终形成的稳定结果。而富裕一些的家庭则在修建初期就会达到最终的稳定形态，后期仅仅需要对房屋定期进行维护和装修即可。无论处于生长过程中的哪一阶段，建筑的发展是没有止境的，会随着周围各种因素的变化而不断地进化，目前我们所看到的也只是现阶段暂时稳定的一种白藏房形态。

表 4–8　白藏房内部空间生长模式一览表

平面形制	生长过程				经济能力与生长过程关系
	基本型（1）	发展型（2）（3）		成熟型（4）	
“一”字形平面 1（35 柱）				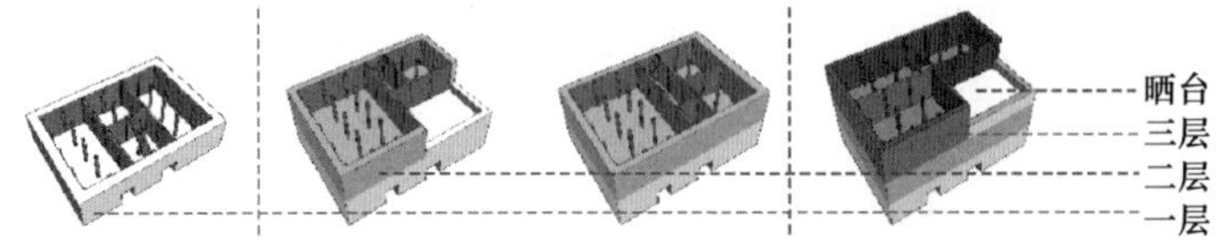 晒台 三层 二层 一层	一般型 1—4 富裕型 4
“一”字形平面 2（40 柱）				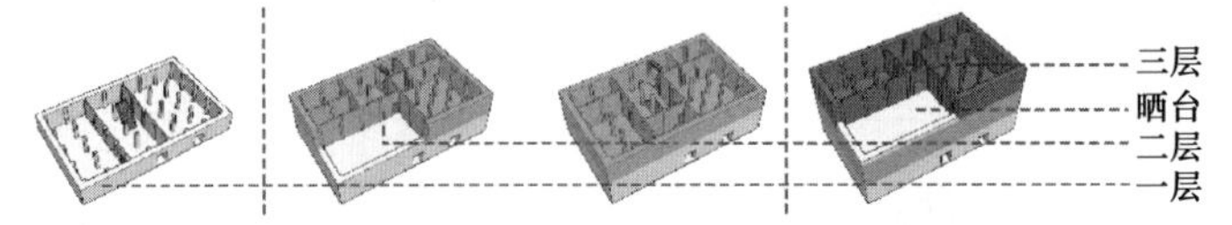 三层 晒台 二层 一层	一般型 1—4 富裕型 4
“L”字形平面 1（57 柱）				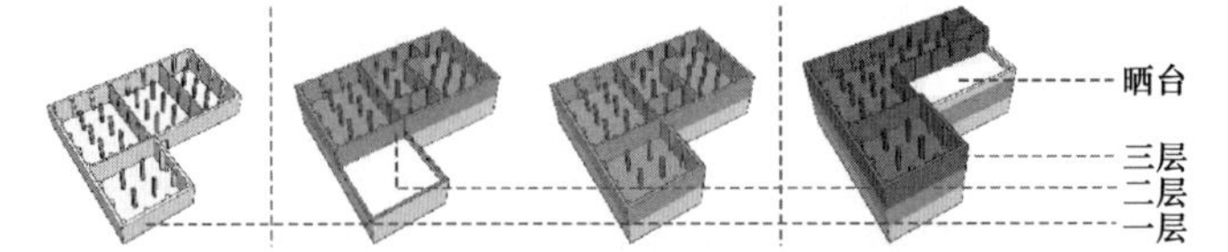 晒台 三层 二层 一层	一般型 1—4 富裕型 4
“L”字形平面 2（56 柱）				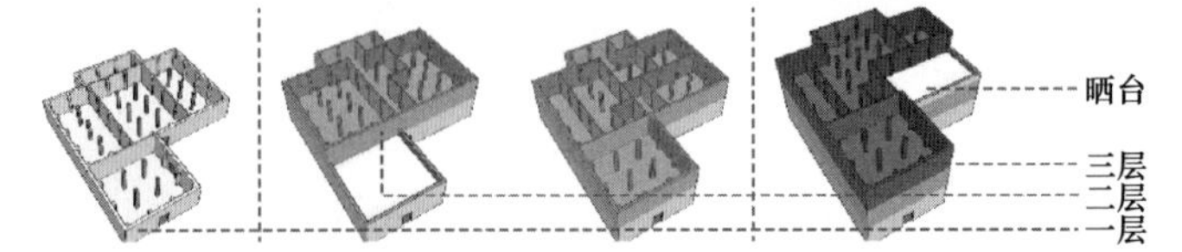 晒台 三层 二层 一层	一般型 1—4 富裕型 4

4.3.4 内部空间交通分析

白藏房的不同层次内部空间交通主要是由楼梯来完成的，楼梯间对于各个空间的划分界定较为明确。且楼梯的形式并无统一样式，而是根据房间的不同布局灵活布置，从而形成内部交通系统，楼梯在组织着竖向交通的同时还是整栋建筑的平面交通核心（图 4-16）。楼梯连接着各层级并组织着高效的交通，同样也与藏民们的生活方式有关，主室和客厅以及厕所这种内部公共空间多分布在二层，而相对比较私密的空间如卧室等虽然也布置在二层，但比客厅等房间相对隐蔽。级别较高的经堂往往布置在顶楼，这种布置方式虽然简单却有效地提高了内部通行效率如图 4-17 所示。

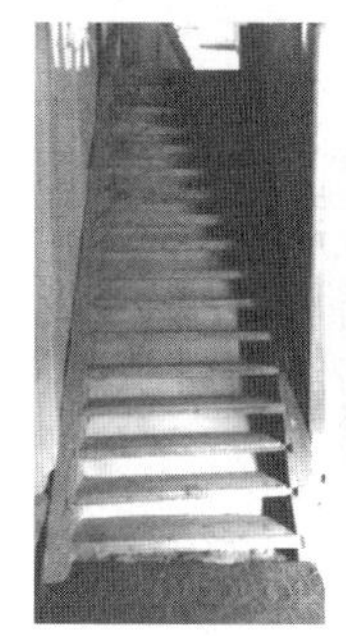
(a) 简易楼梯

(b) 直跑楼梯

(c) 宽直跑楼梯

(d) 转角楼梯

(e) 彩色转角楼梯

图 4-16 白藏房民居楼梯实景

客厅内设置沙发、茶几等，以及电视等娱乐设备。作为会客休闲的场所，客厅的开放性远大于其他功能区，热情好客的藏民和客人交流的地方也在这里。客厅的开敞缓解了外来人流对于内部其他功能空间的探索，同时又作为一个对外展示形象的场所，因此从客厅的装修风格就可以看出这户人家的经济实力。楼梯间往往直接连接着客厅、主室以及部分卧室。而二层向上的楼梯则会直接通往经堂。若经堂设置在二楼的民居，往往不会直接与楼梯间连接，中间会有客厅等与主厅等进行过渡。白藏房民居的内部空间交通的组织关系层次分明，以楼梯间联系着各个房间，我们对不同样本的白藏房民居的内部交通组织进行了分析，通过交通组织分析图可以看出楼梯间串联整个内部空间功能的基本原理如图 4-17 所示。

(a) 一层直梯间

(b) 一层转梯间

(c) 二层楼梯间

(d) 顶层楼梯间

图 4-17 各层楼梯间交通实景

由于各家各户的房间功能有所区别，楼梯所承担的分隔功能也有所不同，部分经济条件较好的人家，房间体积及面积较大，因此房间的功能偏多，楼梯的分隔功能已经远不能满足当前的组织需要。另外有些白藏房只有两层，经堂房间往往设置在较为隐秘的空间，仅仅一个楼梯的功能无法完全地涵盖整个二层人居空间与神性空间的交通，所以有些空间会起到过渡交通的作用，有些藏民家庭对于神性空间极为重视，甚至在自家建筑内设置两个经堂。这些房间功能的转变对于内部交通的组织有直接影响如图 4-18 所示。

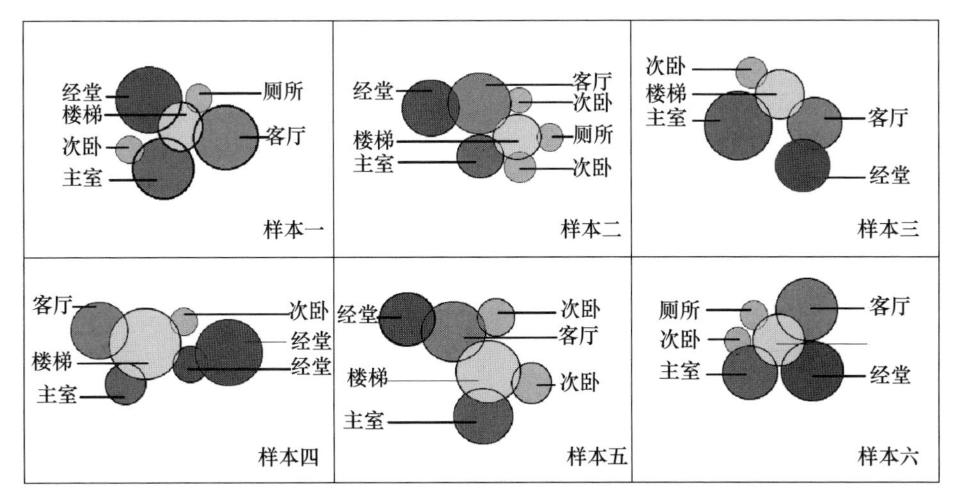

图 4-18 内部交通关系组织泡泡图

4.4 本章小结

白藏房作为一种特色的地域性建筑，凝聚着藏族人民对美好生活的期望与信仰。本章通过对实地调研以及测绘的资料整理，对白藏房的平面布局进行了细致的分析，梳理并总结了白藏房在平面功能构成、平面形制，以及内部空间特征等方面的规律，并对院落的布局、功能关系的分布，以及白藏房建筑的生长过程进行了一些推断，从科学的角度对白藏房功能布局变化进行了猜想。白藏房的平面布局在不断地变化，甚至已经开始摒弃了一些饲养牲畜的基本功能空间，转而向民宿等新型功能需求转化。或许是由于时代在进步，建筑也在进步，我们所记录的白藏房功能的划分方式在不久后就会有新的变化，但这种布局的特征仍然包含着时代记忆的特色和旧时生产方式的记号，希望我们所记录下来的这些能为以后传统藏式民居的保护提供一些有益的帮助。

5　白藏房民居的外部形态与立面特色

建筑的外部形态是人对建筑第一时间所产生的印象，也是对建筑认识的第一层面。对一栋建筑的主观评价，在未能细究其空间功能的条件下，外部形态则决定了这栋建筑的美与丑。建筑的外部形态基本是由门、窗、外部墙体、檐口、女儿墙、屋面构成，这些构件的共同组合展现出一栋建筑的外表和特征。门窗造型、檐口构造、墙体的颜色、女儿墙做法以及屋面的形式都从各方面影响着建筑的外部形态，不同的搭配展现出不同的建筑风格与设计思想。白藏房一方面有着特色的外部形态，另一方面白藏房的立面造型无论是色彩还是形式都蕴含着较为丰富的宗教含义，白藏房在很大程度上就是因为其外部形态而吸引了众多游客，其独具一格的立面特色更使得其在藏族民居中显得格外亮眼。

5.1　白藏房民居的形态

白藏房的外部形态十分亮眼，第一眼看上去就能给人留下深刻的印象。一幢幢白色的藏式民居错落有致，形成了一道亮丽的风景线。白藏房的形态给人的第一印象就是亲和，让人有一种很舒服的感觉，这是建筑形体收分、组合以及空间营造的共同作用所产生出来的效果。下面我们将从建筑形体组合的角度对白藏房的形态进行解析，来分析其建筑形态特征所蕴含的文化内涵。

5.1.1 建筑形体的收分

白藏房民居一般为一户一幢，房屋的大小以柱头的根数来计算，从 35 根到 100 多根不等，柱越多，房屋越大。不同于一般的民居建筑的方形构架，白藏房的正面形态呈梯形向上收分，收分的程度较为明显，易于判别形状。整栋建筑给人的感觉为上轻下沉，十分厚重。不过在白色涂料的映照下，白藏房的墙面并不像一般土墙那般实在。墙体的收分和柱网结构是影响白藏房在视觉和构造上坚固稳定的基本因素。白藏房的立面效果十分惊艳，第一眼就给人以深刻的印象，别具一格的梯形结构，突起的窗沿以及白色与红绿黑的搭配产生强烈的视觉效果（图 5-1）。

图 5-1　白藏房近景立面实拍图

白藏房的组合形态众多，主体结构形态多以梯形为主，结合立面的效果有不同形式和不同角度的向上收分，并且与层数和高度的变化有关。白藏房梯形的建筑形体相较于普通的垂直方体建筑更易受到雨水的入侵，由于墙体与水平地面并不是垂直角度，雨水在下落的过程中，相较于垂直的墙体更容易进入内部，因此在沿墙体周围有门洞的地方都会做一层屋檐。用来防止雨水的入侵。斜面的墙体用生土和毛石来加厚，用以应对高原冬季寒冷的气候，并且用明显的女儿墙来提升墙体的收分效果。立面的开窗数量较多，并且除了屋檐以外，窗户周围用黑色涂料涂抹上梯形图案，用来对比白色墙面，提升白藏房的整体对比效果，同时提升建筑外立面的秩序性。另外，经过我们实地调研和研究发现，白藏房的收分角度也有一个区间，表 5-1 根据实景照片和测绘图纸对比分析计算出白藏房的墙体收分角度普遍分布在 3° ～ 5° 之间，层数大多是 2 层或 3 层，除了墙身周围的屋檐之外，女儿墙像帽檐一样扣在“白白胖胖”的建筑之上，作为维护结构的同时为建筑增加了趣味性。虽然是简单的单体建筑形式，但由于墙体角度的收分、窗户周围的黑色涂料，以及红色的女儿墙和突出屋檐的体块造型让白藏房的整体建筑形式简单但不单调。

表 5–1　白藏房外部形态及收分

立面实景	民居层数	外部形态制图	收分角度
	2	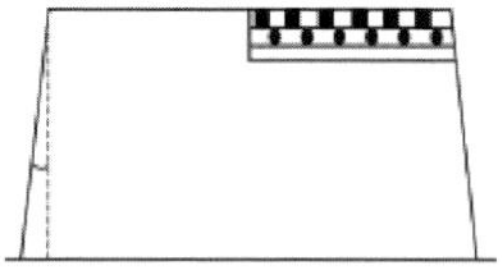	3.5°
	2	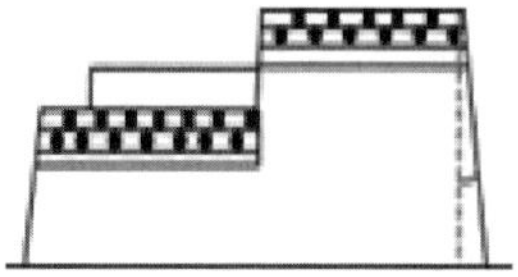	4°
	2	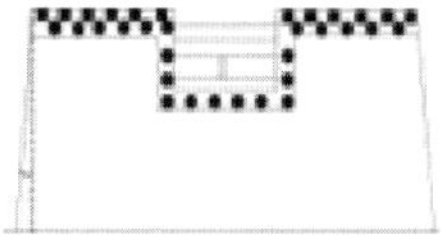	3°
	3	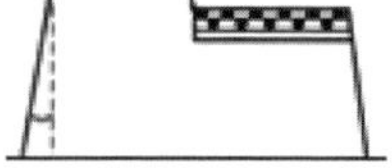	4.2°

续表

立面实景	民居层数	外部形态制图	收分角度
	3	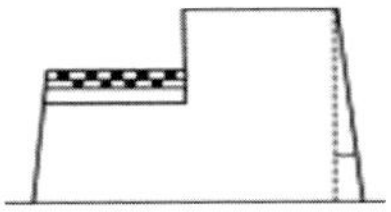	3.3°
	3	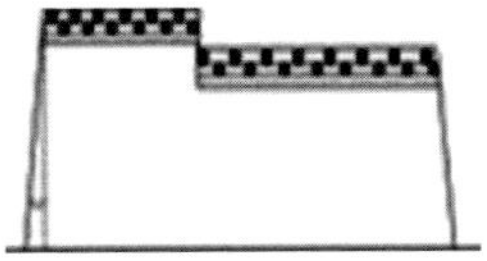	3.1°

5.1.2 建筑形体的退台与空间营造

在乡城白藏房民居建筑中，退台作为一种十分常见的塑造手法，多用于白藏房的空间设计中。退台是指在建筑的顶层，后退出一间或几间房子形成的露台，这种设计手法可以营造出不同程度的半私密空间，而且退台可以根据自己的需要设计出好几种不同的类型，比如半露台、全露台和全顶的露台。

白藏房民居建筑中应用较多的类型就是半退台和露台。一般两层的白藏房设置的是露台空间，三层的则设计为半退台。从构图上来讲，无论是在立面塑造或平面构图中的一些作品之中，都会有一些别具韵味的留白处理，从而产生适量的自由空间来给人一种舒适性的体验；从空间角度来看，退让的关系会形成较大的自由空间，产生形态上的自由度，前部的预留空间也会营造出相当舒服的空间视觉效果。

另外受制于生产方式的限制，退台设计主要是为了作为晒台而使用的，半农半牧的生产方式决定了每年的丰收季节势必要晾晒大量的农作物后储存，所以退台的设计也是满足藏民功能需求的一个硬性要求（图 5-2、图 5-3）。

(a) 半退台远景图

(b) 半退台近景图

图 5-2 半退台设计

(a) 沙斗泽仁家

(b) 空色格勒家

图 5-3 屋顶全露台设计

除了满足了功能需要之外，退台可以营造出一种自由开放的空间氛围，白藏房民居聚落一般是沿着山坡台地布置，且节节后退的排布方式，由于白藏房普遍层数较低，所以站在自家退台之上眺望，视野都十分开阔，周围发生什么紧急情况站在自家退台上便一目了然，再配上村落周围的高原风光美景，仿佛与自然融为一体，呈现出一幅诗意的田园画卷。

5.1.3 建筑形制与形体组合

白藏房的建筑形制整体较为简洁，整体是以梯形作为基准的形体来进行建筑的外形塑造，建筑外部的立面形式为三段式的构图，由门、窗、檐口以及廊为主要的构图元素。一层的平面开窗较少，普遍二层开窗较多，以此来保证房间内部的采光，第三层则作为晒台和储藏室来满足藏民们晾晒和储存粮食的需求。第三层的晒台围绕着敞台上的“廊檐”形成自然的灰空间，与白藏房的实体空间形成对比，营造出一种虚实交错的空间过渡效果。而屋顶的形式也不同于一般的藏式民居建筑的出檐悬挑的平顶形式，而是整体部分沿着外墙向上延伸，檐口颜色交错重复，排列的方式横向布置，增加里面色彩元素的同时，丰富了建筑的层次感和秩序感。

几乎所有白藏房的立面形制都风格统一，除了门窗的等距分布外，墙体外部平直而无太大突兀变化，造型格外简洁有力。表 5-2 中，通过对几幢常见的白藏房的外立面进行汇总分析，我们可以得到一些白藏房形制的基本特征：白藏房的檐口高度会随着建筑层数的增加而增加，女儿墙的高度与层高之间的比例在 1：3 ～ 1：2 之间，女儿墙的高度一般维持在 70cm 以上，1.5m 以下，并无确定的标准高度，与建筑高度有明显关系。这个比例的选择让单调的白色墙面增加对比亮色的同时也不会十分突兀。门窗在外部形态元素中占据着主导地位，但窗户的数量远远大于门的数量，窗台的上沿部分在排列的过程中无形地生成了一条线，划分了墙体的层数。这种围绕着外立面大量地点状开窗也消除了部分厚重的感觉，这也是为何白藏房一般实际体量巨大，远观却十分精致美观的原因，同时这也与其身处的地理位置有关，乡城县不少聚落普遍聚于台地亲水地带，站在高处俯瞰自然有一种小巧玲珑的观感。

表 5–2　白藏房立面构图分析

立面形式实景图						
民居层数	2	2	2	3	3	3
有无露台	无	有	无	有	有	有
女儿墙高度与层高比例	1：2	1：3.2	1：3	1：2	1：1.9	1：2.5
门数量	1	0	2	2	0	2
窗数量	11	8	6	10	8	12
经堂高度（m）	3	3.5	3.5	3.5	3.8	3

续表

立面形式实景图						
经堂有无错落关系	无	有	有	有	有	无

由于窗户在形制中占据着重要的构图作用，再加之白藏房的外立面开窗数量较多，因此我们试图从窗户与墙体的比例关系入手来探究白藏房形制的美学。在对多幢白藏房民居外立面进行实地考察之后，我们选取出了几幢较有代表性的白藏房民居建筑进行了测量。严格按照测量所获得的尺寸数据绘制了白藏房建筑外立面图纸，以便于对白藏房各个外立面有一个直观的了解，对白藏房民居建筑进行一个数据量化，用科学的方法来推断出白藏房民居的一些形制特征。具体的方法为，通过所获取的各个立面的尺寸求出白藏房民居外墙面的总面积，然后再算出各个外立面中窗户所占的总面积，进而得出窗户与墙体之间的比例，并绘制表格进行分析。最后推算出白藏房民居建筑的一些形制特征（表 5-3）。

表 5–3　白藏房窗墙比分析

	西立面	窗墙比	东立面	窗墙比	南立面	窗墙比	北立面	窗墙比
仓宗巴班民居	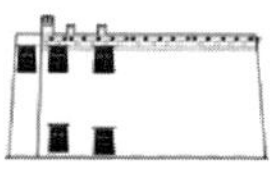	11%	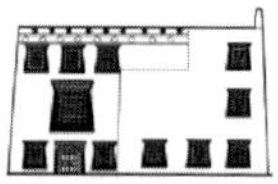	31%		35%	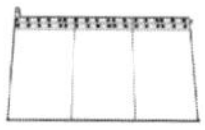	0%
空色格勒民居	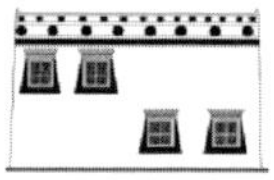	33%	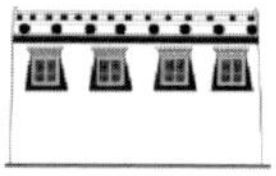	23%		42%	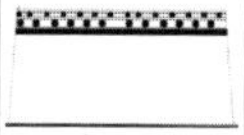	0%
沙斗泽仁民居	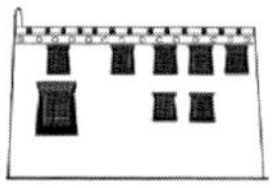	30%	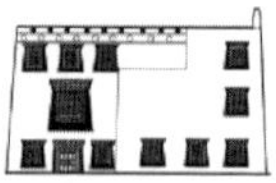	38%	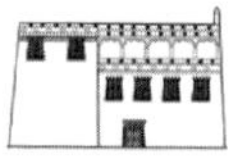	30%	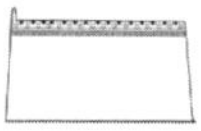	0%
阿吉德勒民居	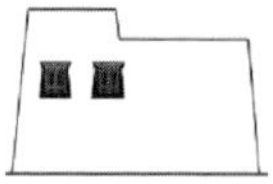	20%	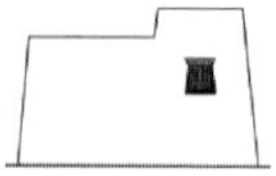	10%	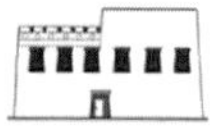	20%	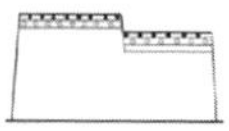	0%

续表

	西立面	窗墙比	东立面	窗墙比	南立面	窗墙比	北立面	窗墙比
达劳嘎姆民居		26%		42%		48%		0%
平均值		24%		28%		35%		0%

从表 5-3 中的数据我们可以得出白藏房的一些形制特征。首先白藏房开窗数量最多的一面大部分是南面，这也是由于南边的采光较好以及温度转高的原因，接下来依次是东立面和西立面，而北立面一般不开窗，所以北立面的窗墙比为零。其中南立面的窗墙比最高，平均各户在南立面的开窗比例高达 35%，综合几幢白藏房的窗墙比得出，平均比例在 24% ～ 35% 之间浮动。而北立面不开窗的原因也是因为风向原因，高原气候导致常年北风寒冷，北面的光照条件较差，背阴的北立面不开窗可以在冬天帮助藏民抵御风寒，使室内更加温暖。其次是门窗尺寸与建筑层高相差不大，一般朝外的大门尺寸高为 2.7 米，宽 2.5 米；窗户则分为大窗和小窗，大窗尺寸较为夸张，并由建筑的层高来决定，一般高度在 3 ～ 4 米，宽 3 米；小窗尺寸较为正常，与平常的建筑开窗尺寸较为接近，一般高 2.5 米，宽 2 米。这种大面积的开窗，以及大小窗户的尺寸在各户的白藏房上都有着不同的体现，不同大小的窗户在每一栋白藏房建筑上形成的秩序性是连续的，但整体上给人带来的又是视觉上的协调感。

5.1.4 部分民居外立面附图

部分民居外立面，见图 5-4 ～图 5-9。

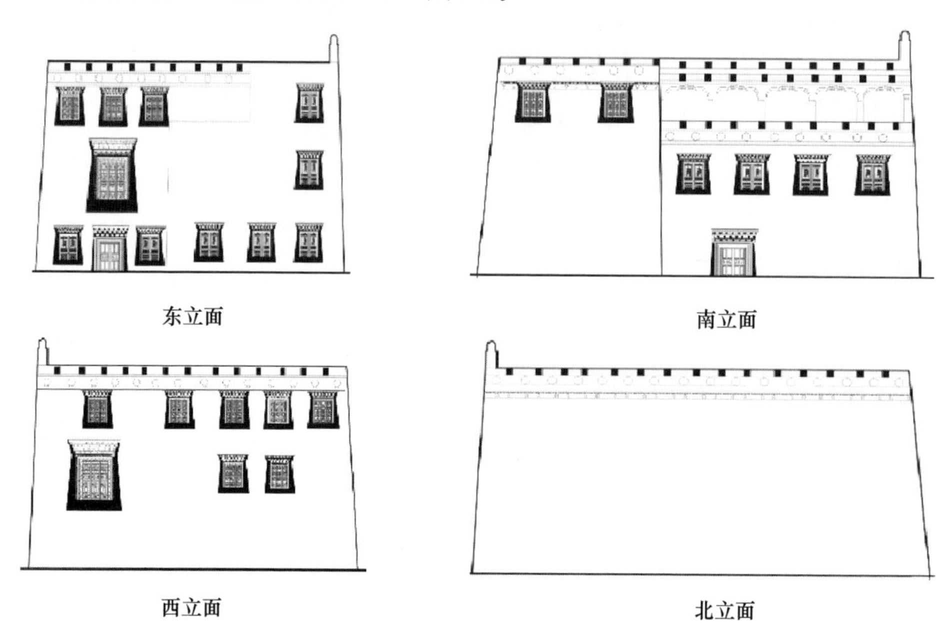

图 5-4 铁超土登家外立面

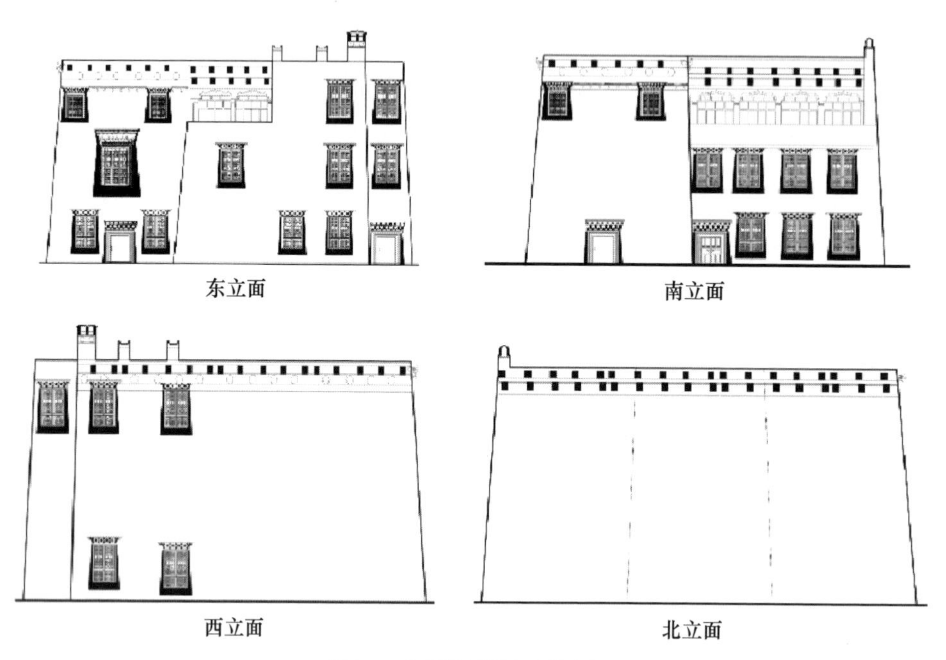

图 5-5 扎姆洛绒倾中家外立面

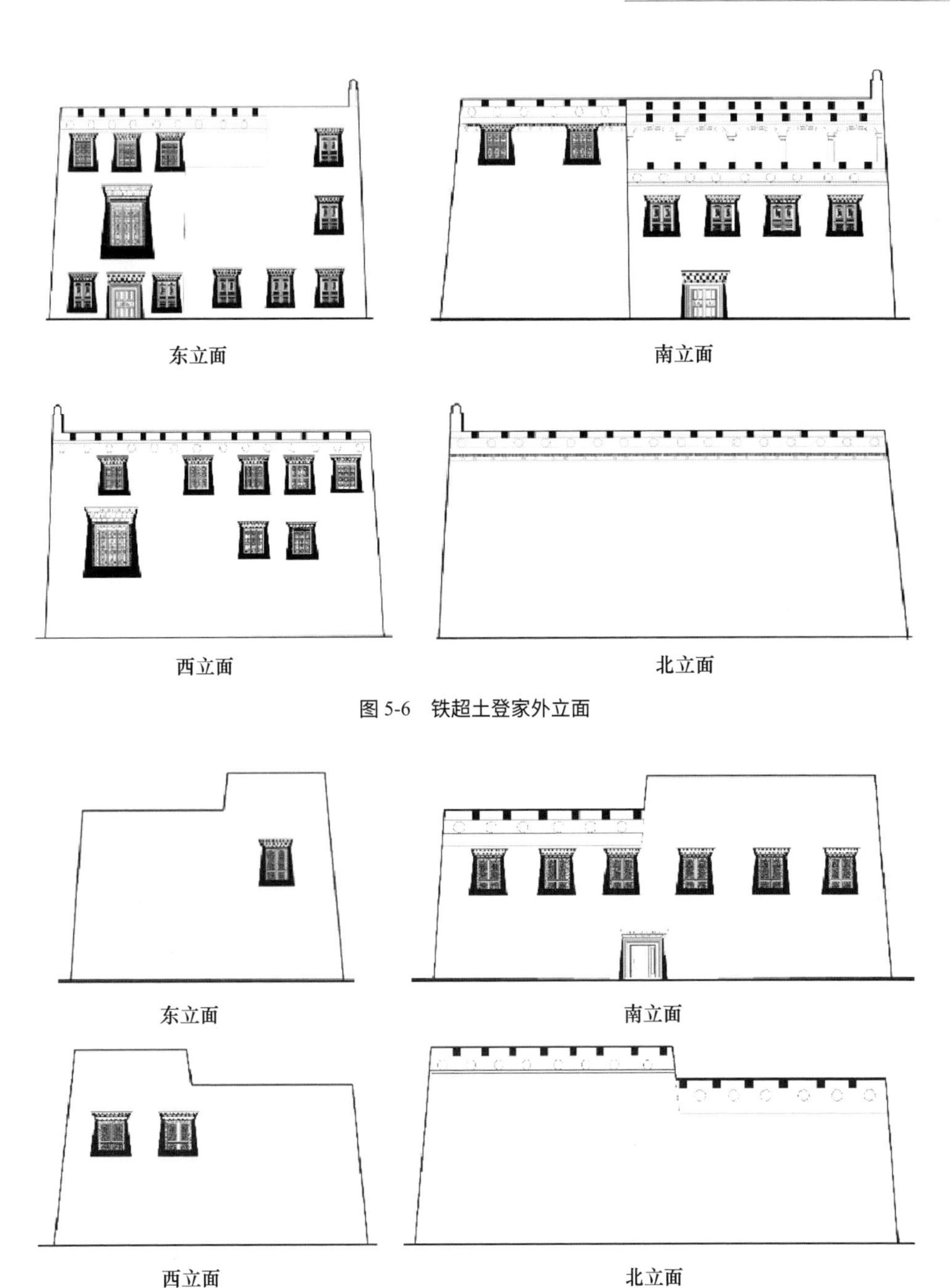

图 5-6　铁超土登家外立面

图 5-7　阿吉德勒家外立面

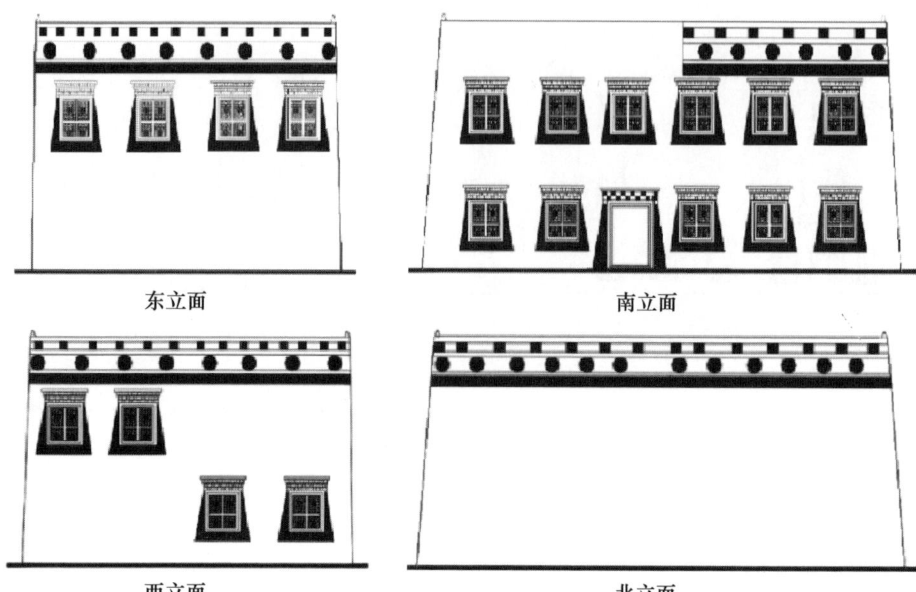

图 5-8　空色格勒家外立面

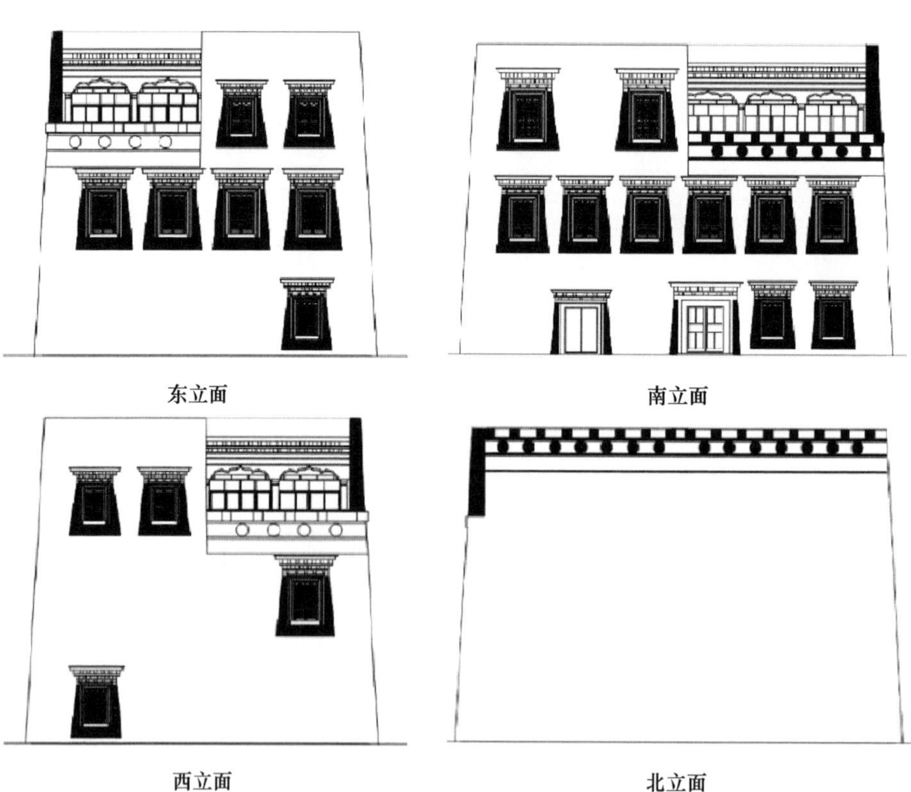

图 5-9　沙斗泽仁家外立面

5.2 白藏房民居的肌理

任何的物质表面都有其自身的肌理形式存在，而这种肌理形式的存在也是我们认识这种物质最直接的媒介。白藏房民居不仅有着特殊的形制特征，其建筑的肌理组合也是外观重要的构成要素之一。物质的肌理形式是认识物质的首要因素，也是视觉和知觉中研究肌理形态的实质，因此建筑的肌理不仅是建筑视觉表现的关键因素，也是其构造组织形态的直接体现。肌理是客观存在的物质的表面形式，它代表了白藏房外表材料的质感，体现了材质属性的形态。

5.2.1 表皮肌理构成

白藏房民居建筑的外部形态的塑造主要是由墙面、窗户立面、檐口以及屋顶面构成的，这些外部构件的外表面同时也构成了完整的白藏房外表皮。因此白藏房的外表皮的肌理构成也围绕着白藏房外部构件的材质表面而展开叙述。白藏房的表皮材料主要分为两类。一种是外墙以及屋顶顶面为首的土质材料，另一种是以门窗立面为首的木质材料，正是这两种材料的有机组合，以及两种材料肌理的变化才共同构成了白藏房表皮肌理特征（图 5-10）。

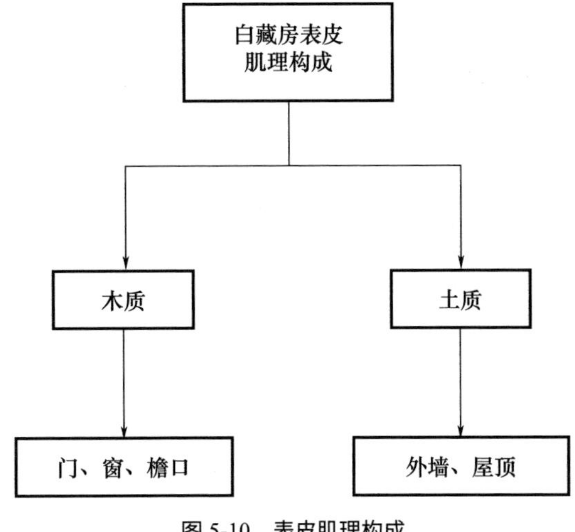

图 5-10　表皮肌理构成

首先，白藏房的外墙皮肌理可以说是表皮肌理构成的主体部分，无论是新建的传统白藏房还是陈旧的老白藏房，居民们都是使用本地的泥土进行砌筑的，尤其是建筑外墙是用本地的夯土砌筑的结构，这种泥土以及良好的密封性都赋予建筑外墙更好的保暖性，本地的夯土取材也较为方便。外墙面的表面采用当地的“阿嘎土”为原材料混合而成的涂料，涂抹在外墙面之上，不仅具有美化外墙面的作用，而且可以防止雨水渗透。但在高原的气候环境影响下，外墙面的耐久性并不乐观，在雨水季风气候的侵蚀下，涂料容易被弄脏并且脱落，并且在外墙面修复过程中也存在较大的问题。

其次就是木质材料表面的肌理，木质材料主要运用于门窗的制作。木质材料的表面并没有保留本身的原色肌理，而是被刷上了不同颜色的漆料。因此其材质表面的肌理变化并不像白藏房的外墙那般自然，而是经过人工处理后的一种带有秩序性的排布方式，将原有的木材本身改为人工形态的体块组合，从而表现出别样的肌理变化。

5.2.2 肌理的组合与控制

白藏房的外墙肌理为自然的肌理变化，外墙是由当地的泥土夯制而成，因此墙体表面会有一些受压以及风化产生的裂纹，会影响外墙面平坦的视觉效果，为了掩盖墙面的小瑕疵，藏民门会在墙面涂上一层涂料，而涂刷的过程则是在建筑的顶部自上而下浇筑涂料，从而形成一些不均匀的墙面色彩，体现在大多数的样品墙面上（图 5-11）。这种随性的肌理处理方式，也使得白藏房更有一种自然的感觉。

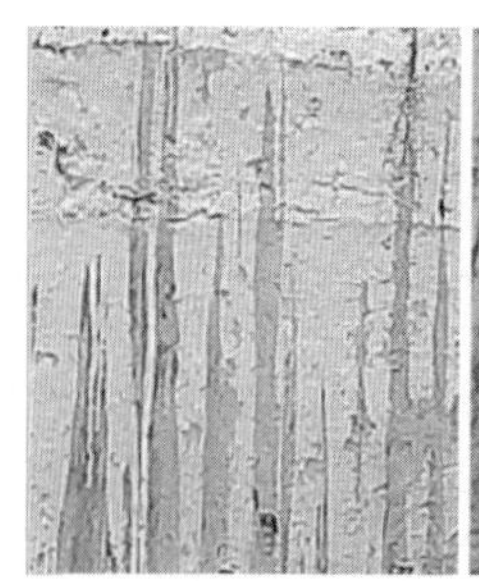
(a) 样品一

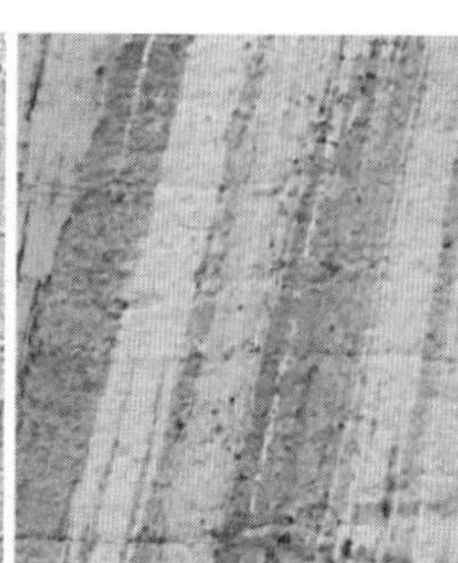
(b) 样品二

(c) 样品三

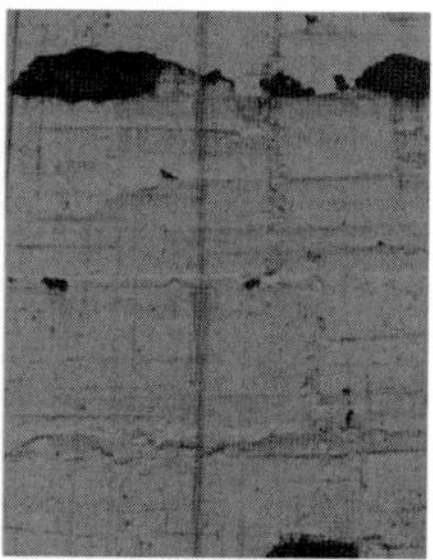
(d) 样品四

图 5-11　墙面的自然肌理

一般情况下，墙面涂料需要一年更新一次，耗费大量的工时以及人力。但藏民的乐观态度让他们相信，每次更换涂料的辛苦的劳动也是在为自己的家庭祈福。

《藏族文化与康巴风情》一书中曾提到，“传说每年浇筑一次，就相当于点上一千盏酥油灯、诵一千道平安符，有祈求吉祥幸福之意。”这个每年一度的浇筑习俗也与藏民自古以来将白色奉为高贵并加以崇拜的理念有着紧密联系，这与对肌理的控制与藏民们的宗教信仰密不可分。

另外就是木质构件的表面处理，白藏房的木质构件处理带有强烈的人为性，木材进行加工和处理形成了规整的肌理排布，再结合素白的墙面、夯土的自然肌理共同形成白藏房外部的整体肌理表现（图 5-12）。外部的木质窗台以及檐口为素白的墙面肌理添加了人工色彩元素，方形和圆形两种形体组合，再加上红色和白色进行的对比，形成了强烈的视觉效果。每一户的木质窗台的窗框形式也不同，有方形窗台中雕刻着的圆形花纹，也有全部都是由方形组成的网格窗框。各家白藏房民居的外部肌理的控制手法都相同，通过圆形和方形构图来丰富整体的效果。

图 5-12　外墙皮的人工木质肌理控制

5.3 白藏房民居的色彩

如果将建筑比喻为凝固的音乐，那么建筑色彩则是这首音乐中不可缺少的一段曲调，相对于细致的木质工艺，白藏房的色彩构成十分直观简单，却富有强烈的视觉效果。色彩的表达是蕴含在建筑形式中的另一种语言。白藏房的美并不仅仅是由白色基调构成的，绚丽的色彩搭配也是造就白藏房民居美丽形象的因素之一，选取强烈且饱和度较高的色彩形成对比能让一栋栋建筑聚集在一起而不显得单调。

5.3.1 色彩类型

如果说装饰的形式以自然风格或者神性崇拜为基准，但是装饰的颜色往往代表着人们的主观情绪，而在白藏房的装饰艺术中，色彩表达是一种情绪的表达，白藏房在色彩运用方面主要以白色、红色和黑色为装饰的三种基色，再辅以少量的其他色彩，共同构成了白藏房的色彩体系。

以白色作为基调色也是乡城的白藏房特有的装饰方式。从地域自然条件来看，藏族所崇尚的白色与他们的实际生活有着十分紧密的联系，草原上奔跑着的白色羊群、高原纯净的天空中飘过的那一抹白云、矗立的高山上残留的白色积雪等等都从各个视觉方面刺激着藏族人民的精神观念。当然勤劳智慧的藏族人民也将自己所感受到的自然以不同的方式表现出来。屋顶上的白石、洁白无瑕的墙面、圆形和方形的白色图案都表达着与自然的共鸣。白色在藏族人民心中地位崇高，在藏语中白色被称为“尕鲁”，汉语表示为合理、正确、吉利、善良的意思，在有外宾上门的时候，藏族主人会与客人互赠白色的哈达，代表了彼此间最真挚的问候。生活中的种种行为习惯都显示出了白色与藏族人民的密切关系，也说明了白藏房民居以白色作为基色的缘由。

除了白色以外，作为对比的颜色就是红色与黑色了，白藏房的黑色主要体现在建筑窗台四周的梯形涂料，围绕着窗户而涂满的大面积黑色涂料也是白藏房的特色之一。所谓“非黑即白”是自然辩证法中的一种对立的矛盾关系，而这种辩证关系是一种发展的过程，在这个过程之中二者相互斗争又不

断发展，慢慢形成一种辩证统一的稳定关系，逐渐变成和谐发展，而黑白的层次对比最终就会产生这样一种效果。黑色的涂料灵感来源于动物，高原之上的黑色牦牛为藏族人民的生存提供了很多的帮助，黑色图案的形状也与白藏房的形状契合，倒立的黑色像牛角一般守护着居住在这栋建筑里面的主人，在形象塑造方面上也有一种警示的作用。

剩下的就是红色了，红色自古以来就是中华民族喜爱的颜色之一，天安门的红城墙、五星红旗的背景，无不散发着朝气蓬勃的生命力，而白藏房民居更是将这种生命力延续到了房屋的颜色体系中，无论是屋顶的女儿墙外围，还是用以分层所使用的红色檐口，都采用了较为亮眼的红色作为基准色，两条红色的分隔线段将白藏房进行分隔，是构成白藏房三段式外观的主要元素。红色分割线段中还掺杂着白色的点状图案用以稀释红色直线段涂层给人带来的强烈视觉冲击。红色在藏族佛教修行中也代表了一种甘于苦难的精神，修行的僧侣们为了表达他们修行的决心，都身穿红色袈裟，而在大多数的寺庙建筑中，也受到这种观念的影响，将红色作为寺庙修建的基准色。另外，除了这三种颜色类型，还有蓝色、黄色、绿色等其他颜色作为窗户构件框架的辅助装饰颜色，但在整体的立面塑造中所占的颜色比重较小。

5.3.2 色彩色谱

白藏房所运用的色彩颜色其实并不是很多，主要就是由三种基色以及三种窗台的装饰色构成，而这些颜色同时蕴含着丰富的意义。在藏族人民的建筑以及日常生活中随处可以见到这些颜色，同时这些颜色的提取元素又来源于生活中的各种事物，也是藏族人民自然崇拜的另一种体现方式。具体的颜色所联系的事物以及所代表的意义和感情见表 5-4。

表 5-4 白藏房颜色色谱及代表意义

颜色	含义	具体事物	抽象联想
白色（主体色彩）	白色是最美、最崇高的化身，在藏语中白色称为“尕鲁”，多表示合理、正确、吉利、善良的意思，藏语中把高尚称为“伞巴尕鲁”，把光明的圣地称作“却科尕鲁”，宾客上门，主人与客人互赠白色的哈达，表示彼此间最真诚的问候	白色的羊群、蓝天白云、积雪、洁白的哈达	吉祥、祝福、神圣、纯洁、诚挚、和平、美好、忠诚、正义、合理、善解人意、高尚、纯洁、祥和等
黑色	黑色与周围环境有很大的关系，在高原上有大量的黑色牦牛，这与藏族人民的信仰也有很大的关系，在仲德村他们所拥护的门神其中有大量黑色元素	护法神像、门神像、黑色牦牛、黑墙、黑色窗框	黑暗、邪恶、地界、死亡、神秘、罪恶、危险、刚强、可怕等
红色	红色作为一种正色，也表达了一种甘于苦难的精神，僧侣为了表达他们修行的决心，终生都身穿绛红色的袈裟。对于建筑的色彩来说，也一定程度上地受到了这种观点的影响，多用于寺庙建筑等	动物血液、红色煞神地护法神殿、太阳、火焰、玛瑙、寺院墙壁	吉祥、血腥、强势、杀戮、敬畏、残暴等
黄色	作为一种象征权力的颜色，黄色是最能象征藏族的一种重要颜色，在所有颜色中黄色基本上是作为一种强烈的辅助色出现，由于明黄色的纯度较高，所以它经常出现在窗户周围（以经幡形式）	土地、黄金、佛衣、黄墙、金顶、宗教器物、窗户	权力、光明、希望、丰收、富贵、神圣、佛祖、华丽、吉祥、兴旺、发展等
绿色	在大片草地的环境影响下，藏族居民把绿色应用在房屋的装饰色彩上面	草原、湖水、树木	生命力、发展、延续、青春、活力、聪明
蓝色	蓝天白云的映照下，对于自然的向往	天空、海洋	宁静、智慧、纯洁、稀有

表 5-4 中为白藏房民居所运用的色彩色谱以及颜色所代表的意义，每种颜色都有自身独特的意义，而这种意义在不同的民族中所代表的思想也是不同的，而白藏房民居建筑对这些色彩运用的具体原因很大程度上在于长久以来的自然环境与地理因素有关。

5.3.3 色彩比例及组合控制

建筑的色彩选择可以直接影响建筑的直观感受，而色彩在建筑上的运用则代表了这栋建筑思想的情感表达程度，一栋建筑的色彩运用手法主要从两个方面入手，首先就是从色彩的比例方面入手（图 5-13）。不同比例的色彩表达了建筑的不同情绪，同时最大的色彩所占据的比例也表达着建筑的主体基调。在图 5-13 中我们可以看到，白藏房中所占比例最大的颜色就是白色。白色应用在白藏房民居的整体外墙面之上，同时结合色谱中白色在藏民心中所代表的最美最崇高的观念，也可以体现出藏民们在自己的栖身之所中不忘表达对自然的崇拜。色彩占比次之的就是红色的廊檐，在白藏房的立面构图中，红色对白藏房形体起着分割的作用，在第二层沿着晒台的边缘横向排布，第三层是沿着屋顶的女儿墙布置。色彩占比第三位的就是窗台周围的黑色，联排的梯形图案与白藏房的形体契合，黑白鲜明的对比体现了白藏房鲜明的特征。占比最小的部分就是窗户上的一些其他配色了，各家各户的窗户颜色略有差异，窗台的装饰配色主要是围绕蓝、绿、黄这三种颜色进行的构图，虽然这些配色的比例在总体中所占分量较少，但也是构图中不可缺少的点缀。

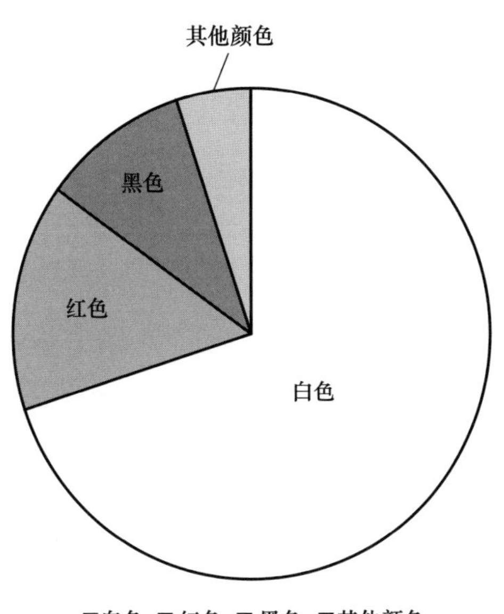

图 5-13 白藏房色彩使用比例

除了色彩的比例，另一个重要因素就是色彩组合的控制。首先是白藏房民居建筑的屋顶四角都立有白石，白色依旧是放在最崇高的位置。其次是依附于女儿墙的红色檐口装饰，下一层为建筑后退所形成的彩廊，廊檐上的窗户也是多彩装饰。紧接着就是退台部分的檐口仍然是用红白相间的檐口装饰。再次是窗户的横向排布，装饰精美的窗户以及周围的黑色窗边为建筑的整体形制增添了分量。最后就是通身素白的墙体。这种色彩的控制将体量庞大且笨重厚实的白藏房形象变得精巧细致（图 5-14）。

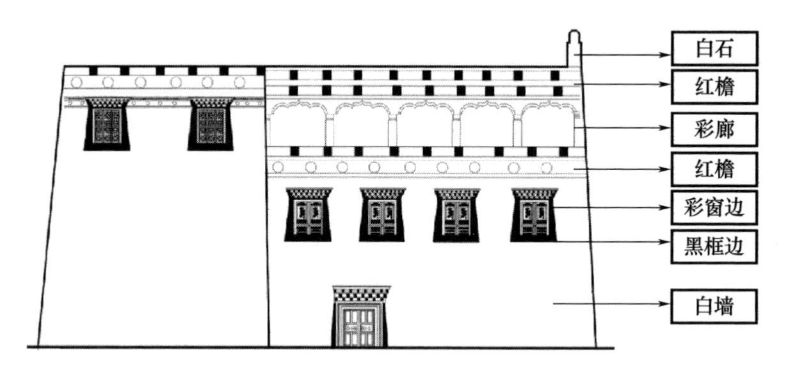

图 5-14　白藏房外墙颜色使用示意图

5.4　白藏房民居的立面装饰

白藏房的外立面形体塑造不单是由黑白红的色彩搭配表现出来的，外立面的构件装饰在立面的构图中也起着重要作用，从装饰层面来说，门窗基础等构件的细节装饰性要远远比整体的构图细致得多。也正是由于这些细节，才能将白藏房的特色发挥得淋漓尽致，而不仅仅是以一种简单改变建筑颜色的手法来烘托建筑。欣赏之余让人们不由地赞叹藏族人民神秘浪漫的风俗传说和高超精湛的艺术营造表现。

5.4.1　入户门及门套

白藏房民居中的门是由门楣、门框、门扇、门槛等组合而成，门的上面有挑出的多层檐口，称之为“巴苏”，周围的黑色涂料装饰带称之为“巴卡”。

巴苏不仅仅是用来做装饰的，还有挡雨的功能，而周围的装饰性“巴卡”则是为整体的建筑增加了协调性。

巴苏别称“三椽三盖”，三椽三盖上突出的椽头一般会涂成白色，椽头的侧面以及与墙面平贴的飞木子则涂成红色、绿色、黄色或其他颜色。而分隔三条飞木子的横梁则分别涂上蓝色、绿色以及黄色。门框以及门扇都采用厚重的木头制成。而门扇上的推拉物件装饰则是根据每户人家的需求各自选取，没有统一要求。

门框的四边会用黄色和绿色以及红色走上一圈来包裹着门扇，整体营造出一种界定的范围，另外涂上颜色的目的也是避免雨水引起墙面腐蚀老化之后对木制门板的侵蚀。门扇方面也是根据各自的家庭情况和主人的需求制定，经济条件较好的人家会选择装饰精美一些的门扇，而相对普通一些的人家会自行定制简易的木板门扇。为保证屋内不会受到雨水的干扰，门扇的位置在靠近屋内的最内侧位置，门框的下面用阿嘎土堆起一定的高度，并在上面设置 5 ～ 10cm 高的门槛，防止雨天积水过高时雨水侵入屋内。大门近景实物以及构造图如图 5-15、图 5-16 所示。

(a) 铁超土登家大门形式

(b) 空色格勒家大门形式

图 5-15 门框的装饰实物图

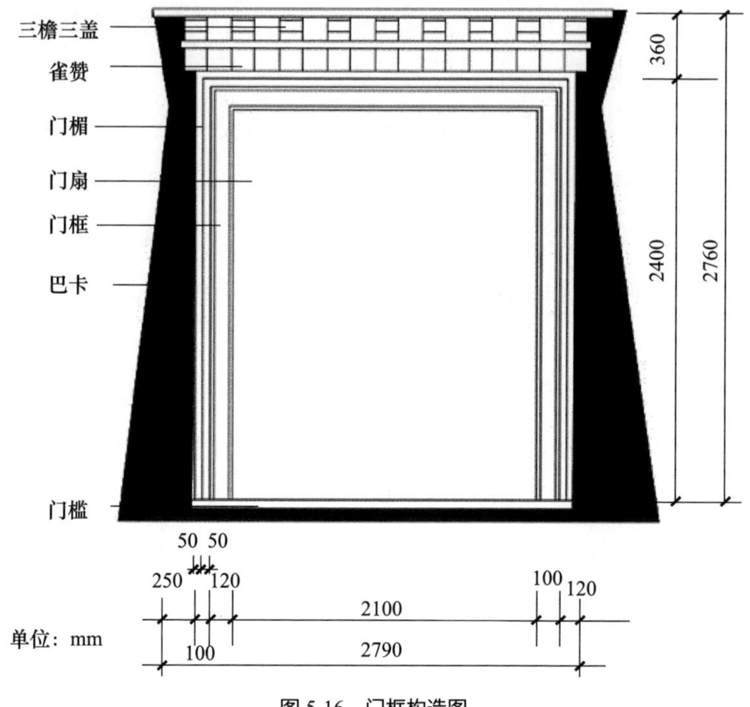

图 5-16 门框构造图

除了门框和门槛，被称作“三椽三盖”的门檐的做法也颇有讲究，工艺十分独特。“三椽三盖”的具体做法是指，在门窗的过梁之上相间放置着横纵两个方向的飞木子，贴着墙面并保持平行的飞木子断面一般为长方形，垂直于墙面并且突出来的飞木子断面一般为正方形，上方压着一根横梁，依次叠加直到第三层，且每次出挑的距离也不相同，一般在 50cm 之内，并且上一层的出挑距离大于下层的出挑距离。顶层的木枋上层铺设阿嘎土或者盖上石板，呈现出前低后高的倾斜状，有利于雨水的倾泻。“三椽三盖”构造如图 5-17 所示。

5.4.2 窗及窗套

白藏房的外窗装饰技艺和门保持一致，大多数为方形的窗套，田字形状的窗扇，同样使用“三椽三盖”以及巴卡的装饰手法，在窗户的窗套和窗扇上添加更加精致的细节来装饰窗户整体，运用富有特色的传统的雕刻技艺（图 5-18）。经堂在所有房间中一定是最富丽堂皇的，因此在建筑外立

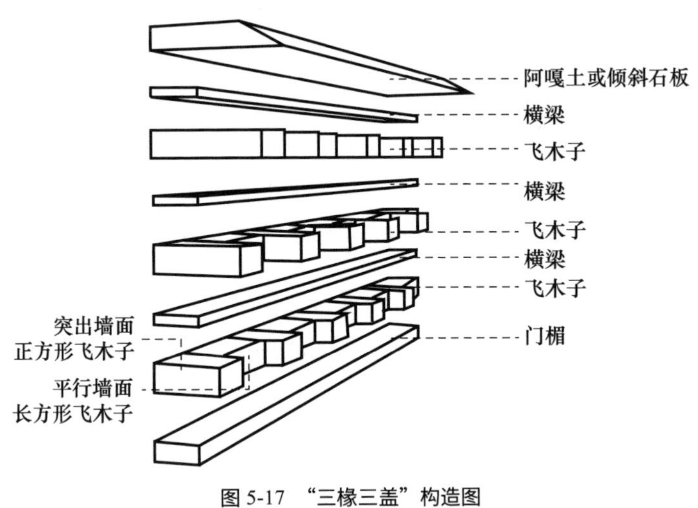

图 5-17 “三椽三盖”构造图

面上对于经堂的外窗装饰效果尤为重视，这也是浓厚的宗教思想在建筑中的体现。

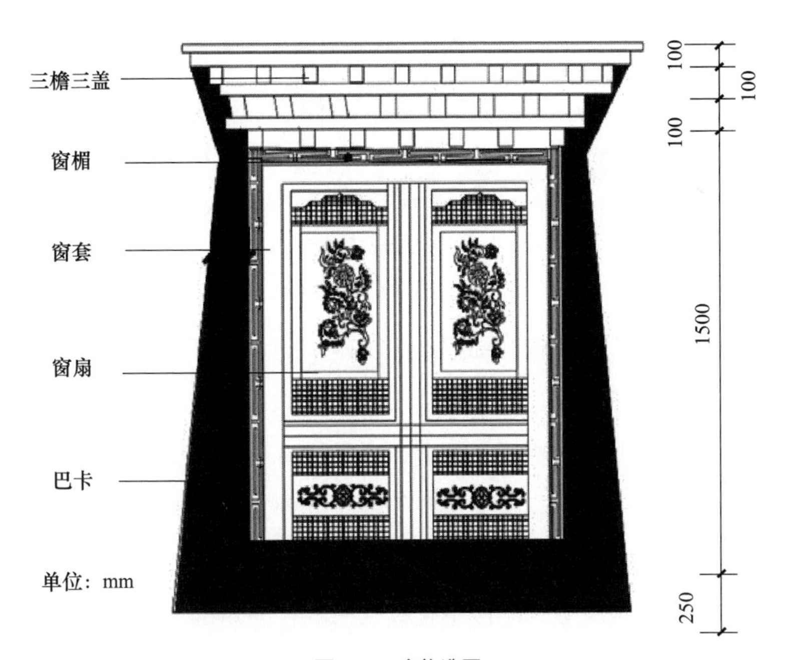

图 5-18 窗构造图

窗台的具体做法主要表现在窗框上雕刻有堆经，窗套上彩绘有莲花的纹饰，并雕刻有回字纹饰。在“三椽三盖”中也绘制有宗教的纹饰，窗户整体以金黄色为主，表现出强烈的格鲁派黄教的宗教氛围。个别不同的人家也会以白色为主要基调来进行装饰，颜色上并没有统一的规定，但无论是金黄还是白色都充满着浓厚的崇拜意味，但整体的颜色都搭配得十分协调、层次分明。对于不同等级的房间，在外立面的窗上的窗楣层数也是有差别的，并不再是“三椽三盖”而是根据房间等级变化，一般经堂的外窗层数最高，多达四层，从外立面就可以推测出这户人家哪个房间代表着建筑内房屋的最高等级。普通的房间外窗则一般是两层或三层窗楣，而花纹的装饰效果与经堂窗户对比稍显朴素（图 5-19）。

（a）普通外窗装饰1

（b）普通外窗装饰2

（c）经堂外窗装饰

图 5-19　不同房间窗户对比

经堂的外窗形式做法较为细致，除了基本的窗楣等级较高外，经堂窗户的装饰纹路也复杂多样。窗户的整体尺寸也略微偏大一些，窗扇分割的网格也多一些，六宫格或九宫格形式都有，通常比普通房间要多一些。另外窗框的纹路分层数也有所增加，每家每户的经堂外部窗框纹路可能略有差异，但普遍比寻常房间元素丰富。另外，窗套上的色彩构成十分丰富，窗扇上通常印有花格装饰，用木头雕刻的镂空花纹，由三种简单的几何图案组合，简洁大方，整个窗扇置于窗套之中，与窗底部多余的空间形成窗台，由于用阿嘎土夯实制作的墙面很厚，导致室内外的窗台很宽，可以堆放东西。窗户的高度与收分程度也与当地气候有关。特色的窗户装饰给予白藏房外立面美丽的外观，特色的手工技艺也为白藏房的盛名赋予了充分的技术内涵。仅从这些门窗的构造手法中可以看出，在建筑外观装饰中宗教意识观念的影响占据着主导因素。

5.4.3 檐口及细部构件装饰

除门和窗外，在装饰特征中能与白色墙体形成强烈对比的就只剩下檐口了，白藏房的檐口采用鲜明的红色作为底色。交接错落的方圆符号——圆和方在水平方向重复形成外立面的横向构图，并在檐口的平面部分绘制有日月图案，不少人家的转角部分还挂着“类动物”挂件，乡城居民相信日月能够为他们带来好运。这些装饰风格都充分体现出乡城藏民“在内不见土，在外不见木”的装饰风格。檐口的图案装饰如图 5-20 所示。

图 5-20 檐口的图案装饰

女儿墙的檐口在保持外墙面向上延伸的同时，顶层改用“边玛草”做成的墙体，另外上方再加上用木头雕琢而成的檐口。“边玛草”所制成的墙体为白藏房的上部减轻了压力，同时装饰效果较好，再加上屋檐上以短木做成的一排排象征日月星辰的白色图案，既装饰了外墙立面，同时又保持了藏族自身的宗教特色。红色的檐口仿佛给白色的藏房戴上了一顶精美的帽子，红色的帽檐上点缀着一排日月图案，无不展现着白藏房民居装饰艺术的特色，同时蕴含着藏族人民崇拜自然的宗教理念。

除了女儿墙的红色檐口之外，还存在着另一种形式的建筑构件。在不少白藏房民居人家的屋顶某一侧会筑有方形体块，一般边长约0.5米，高约1米，当地藏民将其称之为“色可尔”，“色可尔”也是为了宗教形式而产生出来的建筑构件之一，居民们在屋顶的“色可尔”上方插上树枝，并挂上经幡。以自家屋顶上飘扬的经幡为本地浓厚的宗教氛围增添了一丝魅力。“色可尔”的形式与白藏房外窗类似，上宽下窄，中间以红黑为主色调，方形的白色为点缀。具体的做法与窗户略有不同，先采用“阿嘎土”在屋顶夯砌0.5米厚左右，再用飞木子和方石板交错放置，飞木子向外凸出，重复两次，最后在方石板的中央用“阿嘎土”固定树枝，以便于挂上经幡。每家挂放经幡的形式不同，有些藏民家同时修建多个“色可尔”，几条经幡串联在一起，外立面形式表现甚为强烈，但也有的藏民家只修建一个“色可尔”单独挂上经幡。“色可尔”部件及做法如图5-21所示。

(a) 屋顶上的“色尔可”实物图

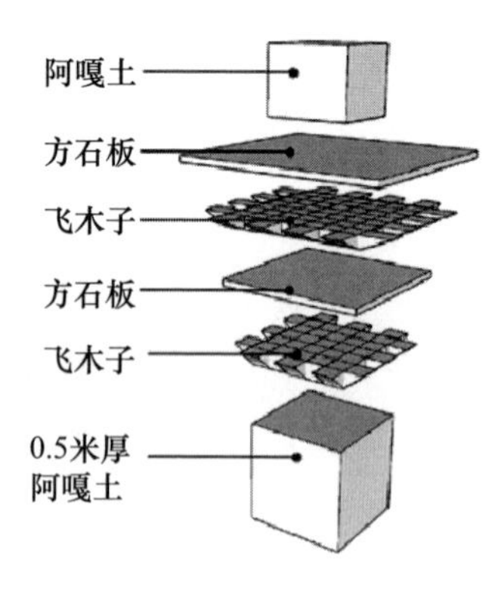

(b) “色尔可”构造做法

图5-21 屋顶上的“色可尔”及其做法

5.4.4 外墙特色装饰

白藏房民居的墙体装饰主要有粉刷和彩绘等，寺庙建筑还有铜雕以及石刻。白藏房的墙体是由当地的“阿嘎土”夯实而成，且收分十分明显，这是由于收分有助于增强建筑物的稳定性。外墙的厚度为0.5～2米之间，具体的制作工艺也比较有层次性，具体的做法为在小卵石和黏土的连接面层上铺了0.2米厚的“阿嘎土”，通过人工来踩实，然后一边夯打一边继续加水。目的

是让“阿嘎土”充分吸收水分，一直到起浆为止，由于“阿嘎土”的吸水性极强，所以需要持续地泼水防止变干。在夯打完后，再铺上一层细腻一些的“阿嘎土”，继续浇水夯打，不断重复以上操作，最后在“阿嘎土”中加水搅拌成白浆，装在茶壶等容器中，然后从屋顶沿着墙面慢慢地往下浇，直到土墙变白。这样夯打而成的土墙不仅能防雨防晒，也为整体的装饰构图铺上了洁白的画卷，以便于其他颜色的加入，烘托出其他构件对白藏房的装饰效果。

不只是建筑的白墙，由于乡城的居民还是以农业来维持自家的口粮，各家各户都用围墙来围合自己的院落空间，以便于晾晒青稞等农作物，因此在修建院落的围墙之时，也将部分传统装饰的手法应用在自家院落的围墙之上。具体的构造手法与墙体的构造手法略有区别，先用碎石块铺在地下夯实，厚度约为 0.5 米，之后再用“阿嘎土”填满夯实，围墙并没有像建筑外墙那般收分，有的会在顶层向外凸出一些方正的木头，顶上再加一个石板，围墙的外表面再浇上白浆装饰，顶部延续着檐口的色彩构图形式（图 5-22）。

(a) 白色收分的墙体

(b) 围合院落的围墙

图 5-22　外墙装饰与围墙装饰

5.5　本章小结

白藏房作为乡城的骄傲，是其建筑走向文明的产物，本章通过对乡城白藏房民居建筑材质肌理、色彩表现，以及立面装饰进行分析研究，发现乡城白藏房民居已经形成了稳定的立面塑造的风格，三段式的构图形式以及强烈的颜色对比是白藏房令人亮眼的主要因素之一，而特色的门窗做工技术之细腻也让人不禁感叹藏族劳动人民的智慧。另外，外部形态中的一些建筑构件也是白藏房独有的特色，这些构件产生的主要目的也是为了进行宗教仪式，这也从另一方面说明白藏房在进化过程中与藏民的宗教信仰紧密联系在一起。

从本章的立面分析中可以看出，白藏房基本都以平屋顶为主，门窗出檐形式相近，四周有女儿墙，装饰色彩丰富，重视建筑主立面的色彩构图（尤其受宗教影响特别重视经堂外窗的装饰）。简而言之，白藏房特点的形成，是人与文化等种种要素共同作用的结果，是乡城的藏族人民在传承历史文化的基础上根据自身需要而进行智慧创造的结晶，它是藏族人民物质生活与精神追求的有机结合，很好地将宗教信仰、审美观念和装饰记忆集中体现在建筑的外皮中，从而呈现出独具一格的建筑魅力。

6　白藏房民居的室内装饰艺术

室内装饰是为了满足主人的生活需要以及功能需求而产生的一种手段，合理地组织和塑造具有美感且舒适方便的室内环境有益于居住者的身心健康。白藏房的外部形态给人一种踏实的厚重感觉，内部的装饰则相反，白藏房的室内装饰充分展现了藏族人民传统手工技艺的高超，各式的家具雕刻以及各种形体的塑造无不展示着我国民族文化的博大精深。

6.1　客厅装饰

客厅作为家庭日常生活主要活动的空间，也是一栋建筑的门面，客厅的摆设、颜色都能反映出主人的性格、眼光、特点、个性等，初到一户人家中，对室内的第一印象往往是从客厅开始的，因此客厅装饰和环境氛围塑造对于室内空间环境尤为重要。

6.1.1　布局

在白藏房民居中，客厅的功能与汉族并无区别，都作为接待客人、日常活动的主要场所，而在藏族的空间划分中，客厅的部分功能被起居室分担，而起居室一般离厨房较近，厨房又供奉着灶神，因此起居室也被认为是人性空间与神性空间交叉的特殊场所，其装饰的繁华程度仅次于经堂。虽然由于经济条件的差异导致各家的装饰水平略有高低不同，但是客厅的平面布局却遵循着一些基本规律（图 6-1、图 6-2）。

图 6-1　装饰较为一般的白藏房民居客厅实景图

图 6-2　装饰较为华丽的白藏房民居客厅实景图

图中为两家较为简单的白藏房客厅实景拍摄图以及相对较为精细的一家白藏房民居客厅实景拍摄图，虽然角度不同，但我们可以看到，客厅的布局形式与汉族的布局形式类似。汉族的 L 形沙发一般靠墙，会客沙发的一侧会靠近阳台或窗户的位置，以保证客厅的采光与通风。与汉族有所区别的是，白藏房室内空间的客厅部分穿插着柱子，会阻挡部分视线，影响观看电视以及空间的整体连贯性；并且由于窗台的做法与一般建筑不同，因此室内的沙发是连着墙壁一周定制的，相对于一般的沙发尺寸，白藏房民居所使用的沙发尺寸更大更长；此外，用于会见宾客的桌子也随着沙发定制为 L 形，整体的桌面面积较大。与汉族完全不同的是，桌子的另一侧还会加装一排座椅供人休息，电视墙的位置与常规的客厅一致，设置在沙发较长一侧的对面（图 6-3）。

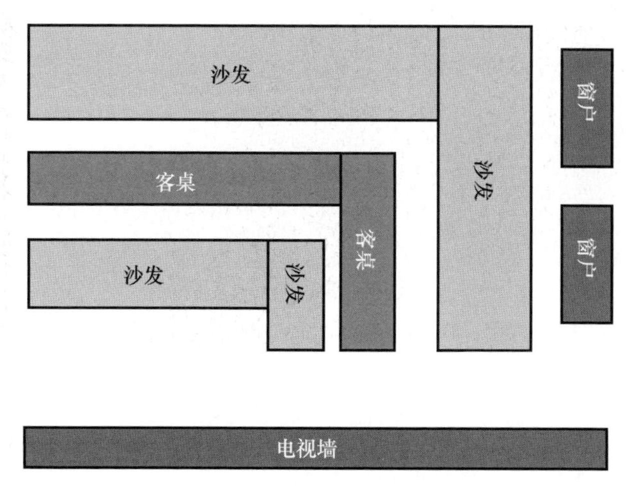

图 6-3 白藏房客厅一般布局

6.1.2 家具

室内客厅的家具主要有沙发、茶几、电视柜、置物柜等，沙发主要用于填充客厅的空间，使客厅整体空间饱满，其次沙发也是用于平时休息以及客人就座的主要用具。而茶几则是沙发的最佳拍档，用于盛放迎接客人的水果、茶水以及平时堆放一些杂物等。电视柜则是在现代生活中演化出来的、用于摆放电视的功能家具。最后就是置物柜了，用来陈设装饰室内空间的器物。

在白藏房民居的室内空间里，这几样家具的功能与现代家庭的功能相同，但家具的形式有所区别，藏区的地域文化赋予这些家具独特的形式特征，如同白藏房一样，这些家具自然附带着浓厚的藏族文化气息。首先就是沙发，白藏房的室内空间塑造主要以木质结构为主，因此家具也不例外，白藏房民居供宾客就座的地方有两处，一处是沿着墙壁周围布置的一条 L 形木质长椅沙发，后背以墙面为依托，摆上靠枕再垫上软坐垫，与房屋融为一体，不易拆卸和挪动。另一处是在茶几的另一侧，沿着茶几布置两把木质长椅或木质的沙发，同样垫上软垫供人休息。与沙发紧密相连的物件就是提供物品摆放的茶几了。白藏房民居的茶几一般较长，沿着沙发的 L 形状摆放几张契合的桌子，形成同样的形状。茶几的主体由几个手工木质方形储物柜组成，其他部分则随意选择差不多高度的茶几组合或桌子拼接即可（图 6-4）。

(a) 空色格勒家茶几沙发

(b) 铁超土登家茶几沙发

图 6-4 白藏房民居客厅家具——木质沙发和茶几

除沙发和茶几以外，客厅中另外两个功能就是置物架和电视柜了，受到家庭经济条件的影响，电视柜并不是硬性的家庭功能需求，有些家庭的电视柜会与置物架结合在一起，电视位于墙壁的置物架格子中，而有些经济条件相对不好的家庭则用一张普通木桌就代替了电视柜的功能（图 6-5）。

(a) 普通客厅电视柜

(b) 精装电视柜

图 6-5 白藏房民居客厅——电视柜

与汉族不同的是，在白藏房民居中，置物架反而是展现主人家经济基础的一个主要物品，在一般的汉族民居中，一般会在墙上挂放部分相框或字画来装饰客厅或者在隔断架上摆放部分雕塑或艺术品来显示主人的品位。而在藏族民居中，大部分的藏民们会在装修时在客厅的四周墙壁上设壁柜，用来摆放家庭器具等。而有些贫困的家庭由于经济问题甚至连室内的墙壁都未用装饰木板进行装饰，所以只能挂上一些奖状，以及国家领导人的一些海报和藏族宗教壁画来进行装饰（图 6-6）。

(a) 普通家庭

(b) 经济水平较好家庭

图 6-6　白藏房民居客厅——置物架

6.1.3　陈设

随着生活条件的改善以及社会的发展，人们不再仅仅满足于一个简易的家居环境，除了满足人们生理上的需求以外，心理上的满足也成了装饰室内环境的重要的一个目的，只有这两方面协调配合才能满足人们室内高品质生活的需要，因此陈设也在室内环境的营造上有着举足轻重的作用，因为室内的陈设影响着人们的视觉和心理等各个方面。而客厅里面的陈设艺术则能够在第一时间为客人展现民族的特色和风俗。白藏房的客厅陈设主要是壁柜上摆放的一些物件和器具。

经过对多户的客厅陈设进行拍摄和整理，我们可以总结出部分白藏房民居客厅陈设艺术的一些规律：内置壁柜的形式虽然在装饰上有所区别，风格不同，但是层数都相差无几，一般都为 6 层左右。最顶部的第一层放置大一些的铜器，包括盆、罐等，有些家庭会空出来，但从第一层的尺寸大小来看，依旧是为盆和罐等较大的器具所定制的格子。依次往下的第二层以及第三层则比较随意，一般的藏民家庭会摆放一些土色的陶罐，有些家庭则直接摆放装饰的花瓶。然后就是第四层，这一层的摆放器具比较统一，以不同尺寸的碗，按照大小顺序整齐地摆成一排，第五层摆放的是杯子，口径不同的杯子同样按照顺序排成一列，最后一层即第六层则摆放的是盘子和常用的碗以及杂物等，各家的功能分布虽然在个别的物件上有所差异，但整体的陈设方式都是按照这些规律进行（图 6-7）。

(a) 空色格勒家客厅西面陈设

(b) 空色格勒家客厅东面陈设

(c) 空色格勒家西面

(d) 空色格勒家东面-1

(d) 空色格勒家东面-2

图 6-7　特色的客厅陈设实景图

6.2 经堂装饰

经堂是白藏房民居中等级最高的一处室内空间了，主要承担藏民们在家进行的藏族宗教活动的功能，也是白藏房中最神圣、最严肃的一个地方。同时意味着经堂的造价及装饰等各方面都是白藏房中花费最高的一个地方，藏民们积累的财富大量用在装饰经堂上，经堂的陈设与装修也与其他房间的风格迥然不同。

6.2.1 形制

与室内其他房间装饰风格完全不同，经堂的装饰运用的颜色较为华丽且壁画的各种人物以及形象十分丰富，整个经堂的房间内部可以说是装饰到极致，除了地板之外，眼睛所能看到的地方基本都被各种藏族佛教形象所占据。首先是经堂正面供奉的一面，供奉面主要用层次递进的手法，将供奉的三幅画像挂在内墙之上，画像之下放置着与藏传佛教有关的一些纪念照片和相框，照片旁边是一些装饰用具以及供奉的蜡烛和水等用具，面朝墙壁的柜子下还放着一个供台，上面点燃着蜡烛。整个墙面向外延伸有一圈木质的框架，框架两旁的柱子上，两条雕刻精美且色彩缤纷的龙盘踞着，守护着神位。供奉位的两旁是打造的壁柜，用来放置一些供奉的器具。在整面墙壁下方的木质上雕刻着一排格子，格子里面绘制着各种佛教以及各种动物的形象，整面墙层次分明，用内凹来凸显等级制度，各种藏族的雕刻装饰富有浓厚的宗教色彩（图 6-8）。

图 6-8　白藏房经堂朝圣墙面

除了经堂朝奉的墙面雕刻装饰精美之外，经堂内部的另外两面墙体则是以墙体绘画装饰为主，四面的墙壁上绘制了数百位佛教人物形象，颜色运用十分靓丽，基本都是以高纯度颜色为主，有的单面墙上绘制了一种佛教人物不同形象的化身，颜色主要以红、蓝、白为基调。墙壁的下半部分约 0.6 米高度，和朝圣的墙面部分一样，雕刻着不同的神话动物形象，用矩形方格子分开。由于经堂在藏民心目中的特殊地位以及其等级地位之高，一般外人不得随意入内，更不得随意拍摄。但经过我们不懈地努力沟通，主人才勉强允许我们拍摄部分经堂照片以供欣赏及参考（图 6-9）。

(a) 经堂东面墙壁画　　(b) 经堂西面墙壁画

图 6-9　白藏房经堂墙壁壁画

6.2.2　天花

经堂内部的天花也与其他的室内房间装饰不同，一般房间的天花板是木质的，由几何图形简单组合排布而形成，富有强烈的秩序性和规律性，并且不添加其他的颜色构图，沿用传统的木色构成整个室内的天花板体系。而经堂的天花装饰相较于其他室内房间则复杂许多，不仅层次分明，而且用大量的颜色进行涂刷装饰。并且每一面墙的墙角与屋顶交接位置的，装饰还有所区别，有的是以红色为主色调，有的则是以黄色为主色调。紧贴着屋顶的墙

体最上方还列有一排木方，如同窗户的“飞木子”形式一般，设置有层次分明的木方，不同于窗户形式的是，木方的横截面部分都绘制有装饰形象，木方一层一层依次递退到墙面，直至壁画部分。另外天花部分并不是由简单的几何形态组合而成，而是划定好整体尺寸而形成的一幅完整的构图，以中间部分为核心，向四周进行空格划分。每个格子里面都会绘制一些蕴含佛教意义的形象图案，划分方格的边线周围印有佛教字符，沿着边线方向整齐排列。整体来说，经堂的天花装饰比室内空间要精美许多，且手工技艺复杂很多，虽然各种绘画看似有些繁杂，但经过分割划分还是充满了等级秩序，使经堂的室内空间的规整性很强（图 6-10）。

(a) 经堂天花装饰风格一

(b) 经堂天花装饰风格二

(c) 客厅天花装饰风格

(d) 其他房间天花装饰风格

图 6-10　经堂天花与其他房间对比

6.2.3　梁枋

在白藏房民居中由于采用的是木质梁柱构架体系，因此经堂中也不乏大量的梁柱穿插，而梁枋是整个构架的骨骼，其中梁是指房梁，而枋则是指两个柱子之间起联系作用的方柱形木材、木料。在古代的寺庙中，为了减少空气中的潮气对梁枋以及室内木材的侵蚀，多在梁枋上涂刷底漆后作画彩绘，形成了独特的彩画装饰。而白藏房民居中，藏民们也把这种手法延续到经堂之上。

经堂内的梁枋形式与白藏房民居内的其他梁枋形式没有太大区别，包括柱子与墙角的处理方式以及柱子与梁的连接方式都是相同的。主要的区别就是装饰方面的不同，经堂内部的梁枋不再使用木材的原有纯木色，柱身以红色为基准色，梁枋的连接处绘制了精美的图案装饰，柱身部分被装饰花纹分为两段，柱子的顶部类似云雾状的图案下面吊着一个铃铛图案。柱子顶部与木枋的连接处由金色的纹路掺杂着绿、黑、红色进行装饰，木枋的两边沿着雕刻的纹路绘制了两条金色的龙，连接着木枋底部的七彩祥云。木枋中间也就是彩云之上绘制着一只盛装着果实的金色宝瓶。木枋之上的梁平面部分，采用分层的效果，两面的上侧用规则的彩色图案填充，下层用佛教字符与梁枋分割开来，中间部分则是以彩云的具象图案表示，柱子之间连接梁的部分则绘制了一只彩凤，整个梁枋以龙凤两种动物为基调进行装饰，蕴含着龙凤呈祥的美好期望（图 6-11）。

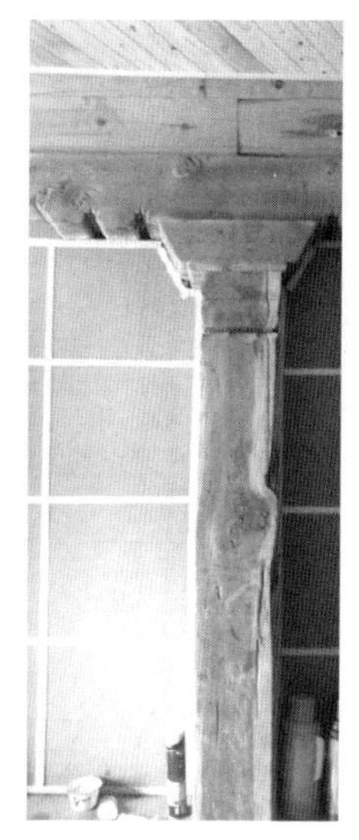

(a) 普通梁枋

(b) 经堂梁枋

(c) 普通梁枋沿墙处理

(d) 经堂梁枋沿墙处理

图 6-11　经堂梁枋与其他房间梁枋对比

总而言之，相对于其他房间，经堂内的梁枋细节处理得更加精致，经过了彩绘装饰的梁枋在与墙以及屋顶连接上更加紧密，各种不同图案组合连接

在一起却丝毫没有违和感，在参观之余使人不由得感叹藏族文化的精妙，同时对藏族绘画艺术多了一份震撼。

6.3 厨房

“民以食为天”，厨房是任何民居建筑中必不可少的一个功能活动场所，白藏房当然也不例外。藏族人民对于自己所做的食物的依恋程度比其他地区的人更加浓烈和深沉，高原地区的气候以及环境条件也造就了藏族人民独特的饮食文化。除了饮食，白藏房民居内的厨房也与汉族有不小的差异，主要体现在布局、家具以及陈设的物品等方面。

6.3.1 布局

在白藏房民居建筑中，厨房作为功能居室，与客厅连接在一起，并没有围墙分割，两个功能之间只有等距穿插的柱，两个功能配合便组成了起居室。厨房与客厅不用围墙分割的部分原因也与藏民们独特的饮食习惯有关。同时也与藏族高原的气候有关系，每逢冬季天气冷起来，灶内火炉升上火，整个客厅温度也随之升高，没有围墙分割方便藏民们取暖。此外，厨房内供奉着藏民们信奉的灶神，并在墙面上设有专门的壁画，上面装饰着藏族的吉祥八宝图，用以祭拜灶神，祈求神明庇佑全家身体健康、吉祥如意（藏式八宝图中的八宝是指宝瓶、宝伞、白盖、法螺、双鱼、莲花、法轮以及盘长）。除了壁画这面墙之外，另外两面墙壁上则打上壁橱，用来放置做饭的器具。而灶台一般沿着有壁画的墙面临近布置，表达灶神与壁画的联系也如同人性空间与神性空间一般密切（图 6-12）。

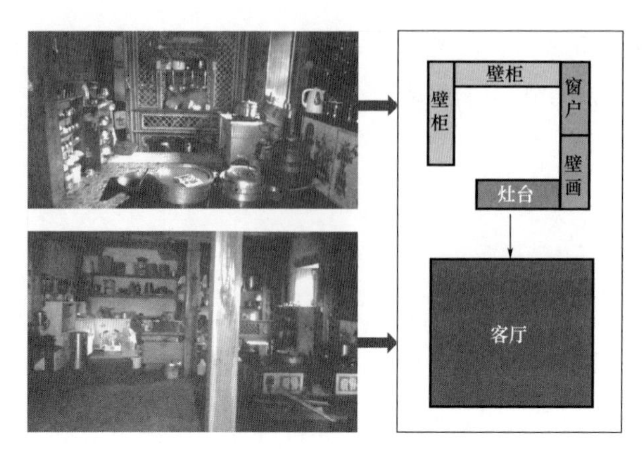

图 6-12　厨房布置示意图

乡城藏民喜爱猫，并且猫还具有一定的地位，在灶台的壁画中，除了八宝图之外，猫咪总能占据一席之地。壁画中的猫形态不一，各家各户所绘制的形象也不同，由于壁画的材质原因，有的壁画以木质雕刻而成，整个墙壁以红色或黑色为主体色调，雕刻的形象轮廓用金色的线勾勒，雕刻手法使墙壁的整体具有立体感且形象更为生动，有些则是直接绘制在墙面之上，虽然没有雕刻的那般生动，但使用更加鲜艳的颜色来进行表达，形象同样丰满。壁画的下方则摆放一些用以供奉使用的烛台，在藏族的一些特殊节日里，以便于供奉灶神（图 6-13）。

(a) 空色格勒家灶台壁画

(b) 铁超土登家灶台壁画

图 6-13　白藏房民居厨房灶台壁画

6.3.2　家具

厨房内的家具主要就是灶台、壁橱以及为放置多余的器具而增加的柜子和桌子。灶台的形状分两种，一种是L形，另一种为一字形，外部贴上不同颜色的瓷砖加以装饰，有的瓷砖上方还绘制有猫以及其他人物图案。灶台上方一般开两个或三个洞口，以便于同时进行蒸煮食物。无论经济条件如何，每家的灶台总是保持着干净整洁的面貌，灶面进行了平整打磨处理，除了做饭器具外一般不堆放杂物，灶台的下方一般开设一个洞口，用于生火做饭，藏族以牛粪为燃料，只有在牛粪储量不足的情况下才添加木柴做饭，充分体现了藏族人民就地取材、节约资源的绿色生活方式。除了灶台以外，厨房同样在墙上打制了壁柜，以便于放置做饭的工具以及盛装和储藏食物的器皿，由于厨房的位置临近客厅，因此壁（橱柜）的形式和风格与客厅保持一致，不同的就是厨房壁柜的格局有所区别，由于厨房中供奉着灶神的缘故，厨房内部的壁柜装饰同样十分精致。有些厨房的壁柜甚至与经堂的格局有些类似，上半部分进行分层内退，中间部分挖空一部分格子用来放置用具，挖空的部分一般分两层或三层，各家的风格并无统一，但壁柜的形式都一致（图6-14）。

(a) 空色格勒家壁橱

(b) 木绕太机家壁橱

图6-14　厨房壁柜

最后就是一些普通的桌椅板凳了，由于墙柜的定制导致空间不足，因此不少家庭会在厨房内增加一些桌子来放置其他杂物，并且由于现代生活水平的变化，不少的藏民家庭也开始使用电器，而原有的格局并不适合电器的摆放，因此增加了不少桌椅来辅助电器的使用。

6.3.3 陈设

厨房内部的陈设物品主要就是一些基本的藏式容器，以及部分储藏的罐子。这也是最能体现藏族人民生活气息的一面，厨房陈设的特点就是规整和干净。由于厨房作为神性空间与人居空间的融合空间，洁净观念在这里体现得淋漓尽致。厨房的器具主要摆在壁柜内，较大的一些器具和罐子则摆放在厨房的其他位置。壁橱的中心部分会设置两层隔断，盛水用的水瓢按照大小排成一排，挂在隔断中间，隔断的上方放置一些金属器皿，最下层的台面上放置碗或者罐子。另外还有大一些的炉灶，会摆在地上，炉灶是藏民每家必不可少的东西，由于白藏房的建筑面积普遍较大，灶台产生的暖气并不能涵盖整个起居室，因此，炉子就是藏民们冬天必备的重要器具（图 6-15）。

（a）空色格勒家

（b）木绕太机家

图 6-15　厨房壁柜陈设

另外，藏族的餐具以及储藏的器具也独具特色，藏民喜好饮茶，其饮茶习俗和习惯与我们大不相同，藏族的饮茶是一个持续性的过程，茶炉和茶壶是配套使用的，茶炉的下半部分放上木炭，起到保温的作用，并且通过上方的流壶流出来的热气不断地循环，可以起到对茶的保鲜作用，避免茶叶长时间浸泡而导致发酸或有其他的异常的味道。除了茶壶以外，最大的器具就是储存水的水缸了，水缸一般体量较大，用金属制成，同时由于昼夜温差较大的原因，藏民们储存的食物容易变质，过去为了应对这一情况，金属制作的器皿便起到了保鲜储存的作用，所以经常能在厨房的地上看到不少大型金属器皿，有些则摆放在灶台之上。有些经济条件较好的藏民家庭，甚至整套厨房器具都是定做的，整体的风格以及形式统一，并且在原有的厨房用具基础上添加了不少可以烹制其他食物的器具（图 6-16）。随着社会的发展，藏民的生活条件在不断改善，很多现代化的东西渐渐进入了藏民们厨房陈设之中，但无论厨房的变化如何，灶台的整洁以及对于灶神的尊敬永远是陈设当中首要考虑的因素，这也是在藏族人民生活起居的厨房当中所体现的一种民族信仰文化。

图 6-16　白藏房民居灶台器具陈设

6.4 卧室

白藏房的卧室显得朴素，卧室功能比较简单，属于私密空间，是提供给藏民睡觉以及放置衣物的。与其他房间内繁华的装修对比起来，卧室几乎没有太多装修，有些白藏房民居卧室内甚至都没有装修，部分藏民家卧室内部连修饰墙面的装饰面板都没有，只是简单地用塑料布遮住墙面以隔离灰尘。当然卧室也是建筑面积中占比较大的一处基本场所，除了需要采光而选择临近窗台外，几乎没有其他硬性布局要求，也正是由于其简单的功能使得卧室在整体布局中显得比较随意。

6.4.1 家具

与神性空间以及起居室这种公共空间相比，白藏房民居内部的卧室就显得十分随意，大部分的卧室内只有床和柜子两种家具，有些甚至连柜子都没有。在柱子上钉上钉子，在两根柱子间拉出一根绳子就可用来挂放衣服。室内空间十分简洁，就一张木质床，经济条件宽裕一些的家庭会购置衣柜用来放置衣服，由于木质的地板较为干净，所以平时不用的被褥等物品都叠好堆放在地上。倘若来客人，直接在木地板上铺上被褥就可以作为临时休息的地方。床的材质并不统一，材质也没有一定的要求，在经过大量的调研发现，床的形式比较随意，一些简易的铁床铺上褥子就可以承担一间卧室的功能。

除了床以外，剩下的室内家具就剩下柜子了，柜子的形式主要分为两种，一种是不可拆卸衣柜，这种衣柜的整体形式延续着藏式的装修风格，是在装修其他房间时顺带沿着墙壁打置的壁柜，用以放置衣物等，壁柜旁边还会设置一些小方格用来放置一些摆件等装饰生活用品。另一种就是购买的可移动衣柜，与日常见到的普通衣柜并无区别，这种衣柜的好处是可以移动搬至其他房间，但相对而言少了许多民族特色。总而言之，白藏房民居卧室的家具较少，相对于其他的室内空间其整体布局较为朴素，藏民们对卧室内的家具也并没太多的讲究（图 6-17）。

(a) 铁超土登家卧室实拍

(b) 沙斗泽仁家卧室实拍

图 6-17　半起居卧室家具

6.4.2　陈设

白藏房民居内部空间中，客厅、厨房以及经堂这些室内空间的陈设都十分丰富，而卧室内的家具却极为简单，主要的陈设对象就是床和衣柜，而有些卧室甚至没有衣柜。因此卧室陈设的主体就是床的摆放，一般床的位置都背靠窗户，由于白藏房内部的建筑面积较大，且内部空间的柱子较多影响室内的采光，因此大多数藏民们都将床靠窗户布置，以便于通风采光，以免被褥长期背阴，容易受潮发霉。同时宽阔的窗台可以摆放一些卧室的生活用品，而清晨的阳光也可以在第一时间照进卧室，给屋内带来光明并唤醒沉睡的人们。

在建筑的平面布局中，我们常常看到一些面积巨大的卧室，有些甚至达到了 80 平方米，而这种卧室的布局往往偏向公共性质，这些卧室内的家具摆放与普通卧室相同。床的摆放同样简单随意，普遍靠着窗户摆放，而且一个卧室有好几张床，床与床之间间隔一到两米，沿着窗户整齐划一，中间卡着柱与柱子之间的距离，两根柱子之间挂上一面塑料布用以隔断，像这种巨大的卧室空间，大大降低了个人的私密性，连一些家具都是公用的，卧室的一面会设置一排衣柜用以存放衣物。由于巨大的建筑面积导致卧室有一种空旷感，往往会放置一两张桌子作为公共使用，来弥补室内大面积的空白，剩下空余的地方则堆放一些暂时用不到的被褥和衣物，卧室的陈设手法相对简单（图 6-18）。

(a) 铁超土登家卧室

(b) 沙斗泽仁家卧室

图 6-18 独立卧室家具

6.5 本章小结

本章从白藏房的室内装修角度对白藏房的室内空间进行了剖析，分别从不同功能房间的内部装饰向我们展示了白藏房精湛的装饰艺术，这些高超的装饰手法以及绚丽的墙壁绘图是藏族人民经过漫长的时间而沉淀下来的文化瑰宝，同时也是中华民族传统文化中不可缺失的一部分。在这个快速发展的时代，这些传统民居建筑文化正在消失，而能够传承下来的第一步就是从我们的认知开始。

7 白藏房民居的建筑构造

白藏房有别于其他藏族民居的特征不仅仅是在外部形态层面上，除了特殊的白色墙体之外，其内部的材料与构造也与其他的藏族民居有很大的区别。藏族民居不同的外部表征可能代表藏族主人不同的宗教教派，但是民居的构造则更能体现出不同教派之间的传统文化以及营造技术之间的差异。这些构建房屋的材料以及技艺在一代代的传承中不断优化，最后形成材料搭配协调、建筑结构稳定的白藏房。

7.1 地基与地坪

7.1.1 地基

地基是承受上部的柱子和地面传下来的荷载的土层，承受建筑荷载而产生的应力和应变随着土层深度的增加而减小，在达到一定深度之后可以忽略不计。白藏房的结构构架为木质梁柱承重结构，且层数相对较低，因此并没有做基础来进行传递，而是直接由梁柱将受到的荷载传递给地基。地基可分为天然地基和人工地基，天然地基是指土层具有足够的承载力，不需要经过人工加固，可直接在其上建造房屋的地面。但有些土层的承载力较差，或土层虽好，但上部的荷载较大，为了使地基具有足够的承载能力，可以对土层进行人工加固，这种经人工处理的土层被称为人工地基。地基形式见表 7-1。

表 7–1　地基形式构造

分类	实地照片	大样图（单位：mm）
形式一		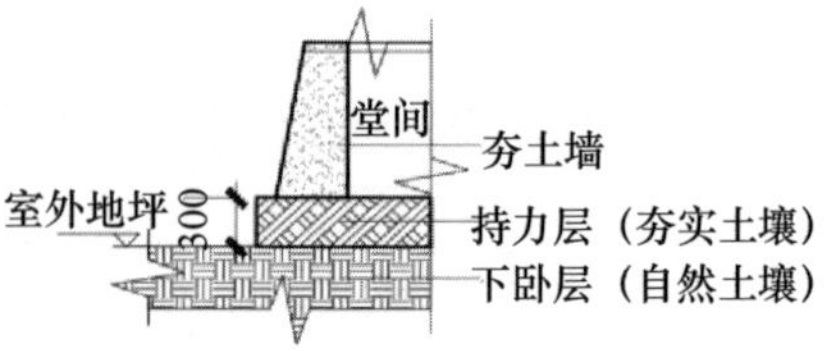 堂间 夯土墙 室外地坪 300 持力层（夯实土壤） 下卧层（自然土壤）
形式二		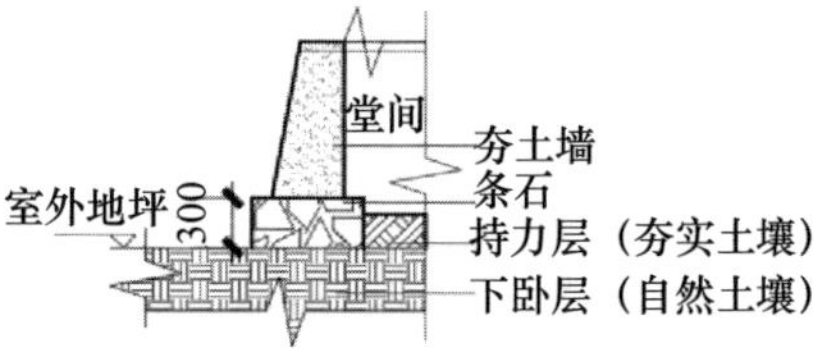 堂间 夯土墙 条石 室外地坪 300 持力层（夯实土壤） 下卧层（自然土壤）

7.1.2　地坪层

建筑内部的地坪层是建筑的底面与土壤相接的构件，承受着底层地面上的荷载，并将荷载均匀地传递给地基。地坪层的构造主要是由夯实层、垫层以及面层构成。夯实土层也就最底层的夯实的阿嘎土。夯实土层的上面一层就是垫层，垫层是承受并传递荷载给地基的结构层，垫层又有刚性垫层和非刚性垫层之分，而垫层的性质又与其上方面层的选择有关联。当面层的材质较薄且脆时，往往采用的是刚性垫层；当面层厚实坚硬且不易断裂时，垫层便可以选取非刚性垫层。传统的白藏房地坪层受过去的生产力以及生产材料的限制，在垫层的选择上往往采取的是非刚性垫层，即将直接铺在地基以上的泥土作为垫层使用，并无面层。这也与早先的房间功能有关，过去的一层主要是提供给牲畜居住的地方，因此地坪层的面层并无太多讲究。随着建筑功能的演进以及生产方式的变化，不少白藏房的一楼功能发生了变化，不少建筑的一楼改为人居住，因此地坪层也发生了变化。结合现代的材料，地坪层的构造也采取了现代的工艺做法，面层选取瓷砖、大理石等地面。如表 7-2 中所示为不同形式地坪层的对比。

表 7–2 地坪层面形式构造

分类	实地照片	大样图（单位：mm）
传统		面层（混凝土） 非刚性垫层（碎石碴） 夯实土层（素土夯实）
现代		装饰层（瓷砖、水磨石等材料） 找平层（水泥砂浆） 刚性垫层（混凝土） 夯实土层（素土夯实）

7.2 墙体

7.2.1 石砌墙

石砌墙多出现在白藏房划分界限以及围合院落而设置的外围墙中。白藏房的占地面积较大，因此与其相对应的院落也普遍较为宽阔。院落所占面积跨度大所产生的地势变化，使石砌墙成为处理院落高差很好的一种工具。并不是所有的院落都以石砌墙体为围墙，部分院落会将石头与夯土墙相结合进而围合成院落。石砌墙体具备夯土墙所没有的坚固特性，因此多用于处理墙体底部地基，同时由于取材较为方便，因此多用于各种地基修缮、界限划分和维护等场合。基地的石头部分需要以泥土黏结在一起。如图 7-1 所示。

图 7-1　石砌院墙体

7.2.2　夯土墙

夯土墙主要是指建筑主体部分的外墙，白藏房民居建筑的外墙采用泥土夯实，整个外墙角度呈向上收分的形式，墙体底部较为厚实，层数越高，底部墙体的厚度越厚，最厚的地方高达 1 米多，墙体的外层用白色的涂料由顶层从上往下浇筑，沿着收分的墙体向下流动的白色颜料呈现出自然的纹理。墙身的构造图相对简单，仅基础材料和做法有所差异如图 7-2 所示。

(a) 外墙实景图

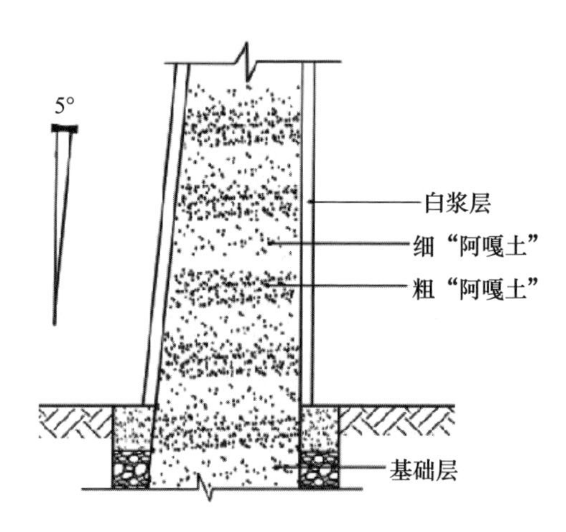

(b) 外墙构造示意图

图 7-2　夯土墙及构造示意图

不同于外部墙面的收分，内墙面是垂直形态的。夯土墙的内部则按照室内装修的风格和房间的使用功能来选择性地进行装修和维护，客厅等地方以木板维护装修或打制壁柜。有些家庭由于经济条件的原因，在一些使用频率较少的房间或等级较低的房间，例如三楼的储藏间、一楼的牲畜间，并没有用装饰木板对内墙进行处理。因为储藏间的主要功能为堆放杂物，平时的使用频率较低，而牲畜间的动物不适合人居的室内装饰。为了节约成本，很多家庭仅仅选择对常用的人居空间以及起居室进行装修设置，而并不是对全部内墙进行装修处理。有些墙体的内部仅仅做了简单的防护便直接使用。

7.2.3 隔断板墙

隔断板墙主要应用在室内，从功能用途的出发点来说，内部空间的墙体不需要承受风雨侵蚀，因此内部墙体主要起分割作用。由于白藏房的内部布满了支撑柱，因此其隔墙的设置也是按照柱子之间的间距进行划分。内部隔断板墙使用的是木质材料，与木梁枋所使用的材料相同。也正是因为如此，才能自然地与柱子更好地契合，组成分割空间的隔断板墙。按照功能的使用要求，木隔墙可以分为有窗和无窗两种类型（图 7-3）。

(a) 带窗木隔墙

(b) 无窗木隔墙

图 7-3 隔断板墙分类

7.3 梁与柱

白藏房民居采用的是夯土围合+框架支撑的棚空结构体系。这种结构体系可以说是一种古老又年轻的结构体系，说其古老是因为这种结构的历史悠久，早在两千多年前的古埃及建筑中就已经广泛采用这种结构体系，说其年轻是因为这种结构体系直到今天人们还在使用。在西方，人们善于使用石梁石柱来进行构造，但石材的特性决定了其不仅自身质量大，抗震性能差，而且不可能跨越较大的空间。而木材本身的自重较轻，且适合承受弯曲力，以其作为梁可以营造更为广阔的内部空间，因此便有了木梁的产生。从建筑结构方面来讲，一栋建筑的基本构成是由梁、板、柱、墙面等组合而成，而白藏房中的梁、板、柱的原材料都为木质，墙面是用当地的土夯制而成。由于白藏房的体量以及建筑面积较大，因此在内部空间采用木质框架结构，这与我国古代建筑所采用的木结构有不少相似之处，两者木结构的运用都有着悠久的历史与传统。所谓“墙倒而屋不塌”这句谚语就生动地说明了这种结构的原则——由梁、柱组合而成的木质架构作为承重的基础，几乎是与围护结构分开的。这种木质梁柱结构的运用给内部空间和外部形体都留有较多的美化空间，这些优点都一一展现在建筑的各个方面——外部墙体的收分、内部柱子上的形态变化。

因此，白藏房民居建筑的结构体系与其他藏族民居建筑有所不同，一般藏族民居多运用石头砌筑的梁柱结构或其他形式，而白藏房如上所述却是以夯土砌筑而成的内部木质框架结构。室内运用了大量的木材，结合着当地藏民的高超技艺，将白藏房的特色从外到内展现得淋漓尽致。如果说白藏房外部以简洁素白的三段式为特色，其内部空间的装饰则可以用丰富多彩来形容。室内的主体结构基本用木材，将木头制作成各种所需要的形状，运用在建筑的各个空间，起到承重、装饰等作用。

7.3.1 梁

藏族建筑的梁柱组合不用卯，仅是上下搭接，在柱头加栌斗、替木等构

件以增大梁柱之间的接触面。梁上施椽，梁、椽的另一端搭在墙上，形成室内梁柱和四周墙体共同承重的土（石）木混合结构（图 7-4、图 7-5）。

(a) 方梁

(b) 圆梁

图 7-4 白藏房屋内的房梁

图 7-5 新建白藏房屋内的房梁

7.3.2 柱

如果说白藏房中的梁是负责将竖向荷载转化为水平力均匀地传递给支撑的柱子，那么柱子的作用则是将梁板传来的水平力再传递到下一层水平构件，直至地面。白藏房的室内空间充斥着大量的柱子，并等距均匀分布，这是由于结构体系自身的限制。这种柱网的分布手法无疑给内部空间的完整性造成了很大的破坏，平均每三米就会布置一根柱子，这也使得白藏房的内部空间被整齐地划分为一个个小的单元，这也是为何白藏房以柱间作为基本单位（图 7-6 ～图 7-8）。

(a) 空色格勒家柱头为35根

(b) 何建华家柱头为40根

图 7-6　门牌上标注的柱头数量

(a) 空色格勒家的柱

(b) 沙斗泽仁家的柱

图 7-7　白藏房内的柱子

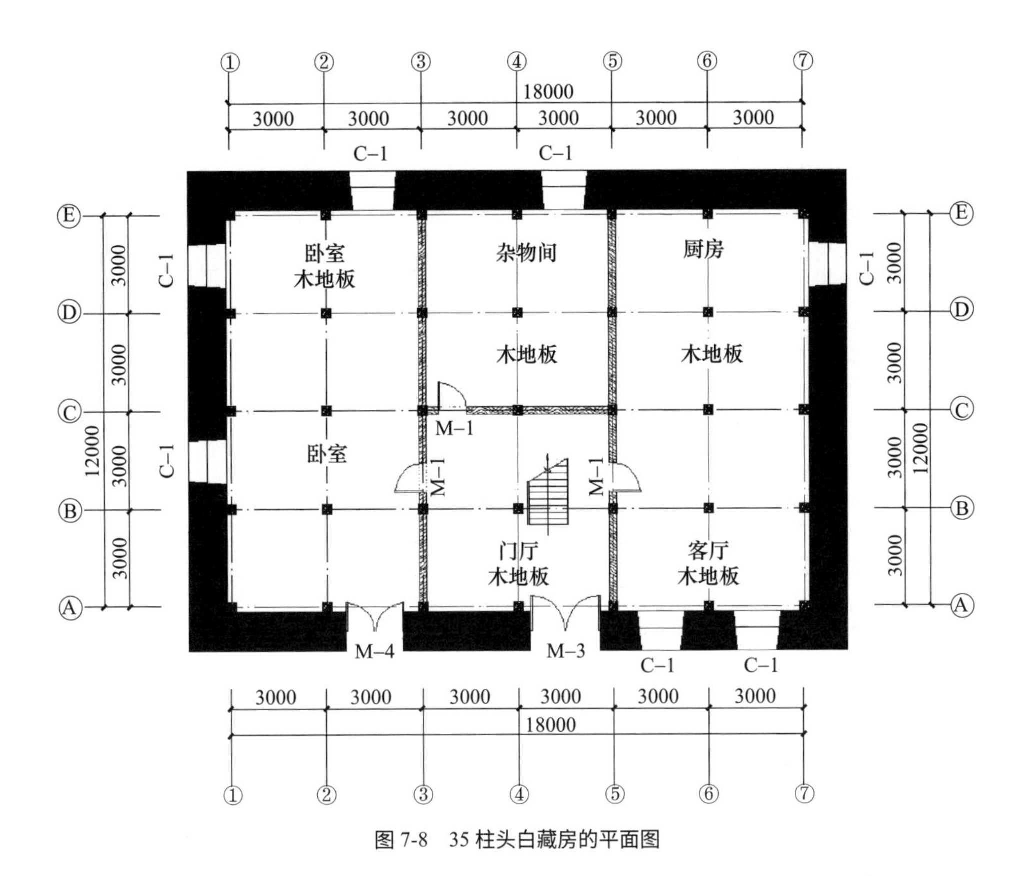

图 7-8 35 柱头白藏房的平面图

7.4 楼层与楼梯

7.4.1 楼面

白藏房的内部构架中，楼面板给人的活动提供了支撑。一般白藏房的层数在二到三层之间，在这两层交界处的平面势必需要楼板的存在。楼板也起到划分等级空间的作用。在白藏房的内部构造中，屋架是整栋建筑的骨骼，正是由数根柱子支撑着楼板组成的整个屋架，才使得藏民能在室内自由地活动。随着生活水平的提高，现在的白藏房内部装修时也会在楼地面上铺瓷砖或木地板（图 7-9）。

(a) 室内木地板

(b) 室内为黏土地面

图 7-9　楼面

7.4.2　退台

由于白藏房屋顶采取的是平屋顶形式，出于对生产功能的需要，对建筑的顶层采取了退台的措施。退台的形式随各家各户的房型不同而采取不同的处理方式，退台的空间处理方式也根据建筑层数的不同而变化。主要有以下几种形式（表 7-3）。

表 7–3　退台样式

退台样式	图解	实摄图
“一字形”三层	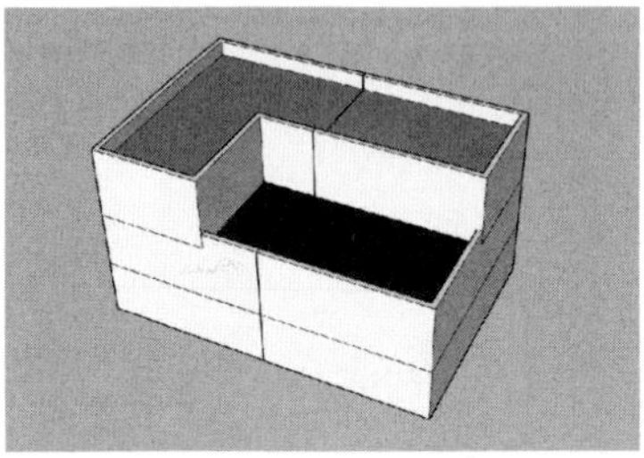	
“L 形” 三层	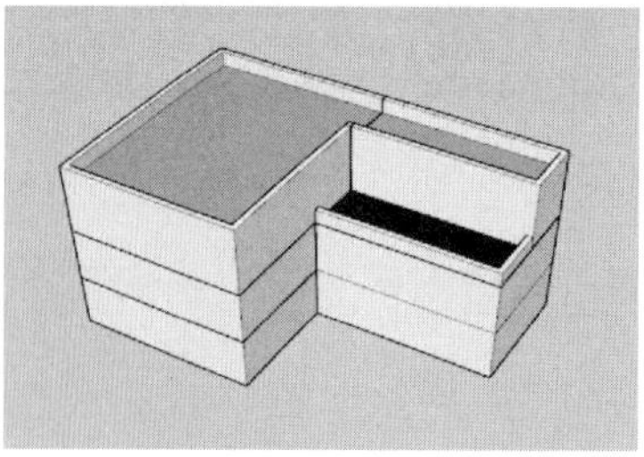	

续表

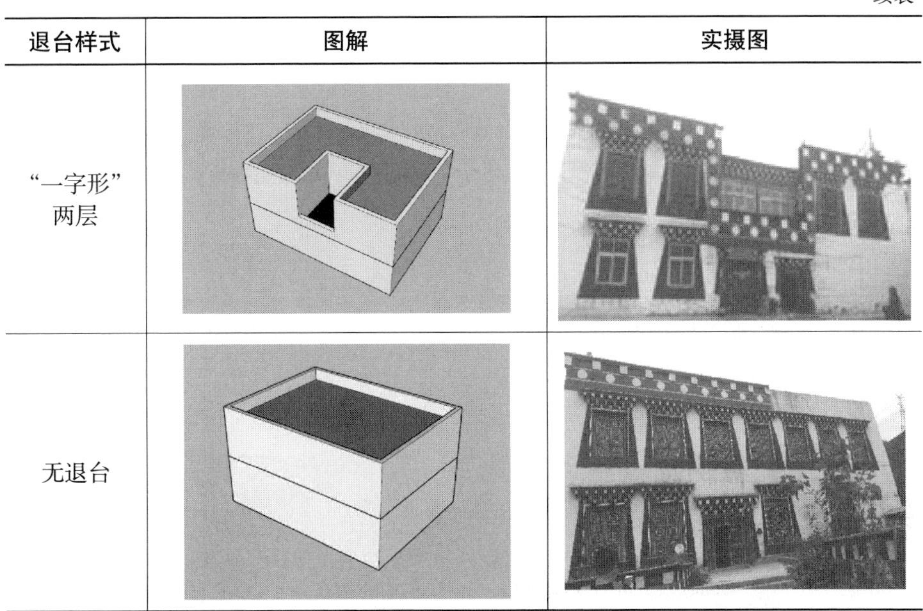

退台样式	图解	实摄图
“一字形”两层		
无退台		

退台的设置根据层数的不同而采取不同的形式，部分白藏房建筑为了追求更大的室内空间甚至取消了退台形式。退台的大小根据柱子的尺寸分布来确定。往往三层的退台空间要大于二层，退台的屋面部分与屋顶楼板部分的构造一致，外部铺设防水卷材，或是用水泥砂浆抹平，仅仅在裂缝处封上防水材料。退台的部分会架设金属楼梯，方便屋顶与退台之间的联系，在丰收的时节，屋顶面可以给晾晒粮食提供更大的空间（图 7-10）。

(a) 晒台上的楼梯

(b) 开敞的晒台空间

图 7-10　晒台实景图

7.4.3 楼梯

白藏房建筑空间的竖向交通联系是依靠建筑内的楼梯来完成的，这类建筑内的楼梯一般由梯段、平台以及栏杆扶手三部分组成，且大部分为木质楼梯，一般民居家里都为单跑形式。木梯一般在梯帮侧部开槽，然后插置踏板，有的踏步上还有挡板。由于楼梯一般坡度较大，因此扶手不从低端做起。木质楼梯质量较轻，制作简单，装饰性强，形式多样，并且经过处理后经久耐磨，用在建筑内部起到解决建筑内部高差大并且空间狭窄的问题。相关图片见图 7-11。

(a) 无平台楼梯

(b) 有平台楼梯

(c) 楼梯围挡

图 7-11　楼梯

7.5 屋顶

屋顶部分是建筑的核心部分之一，必须具备遮风挡雨、保温防水等特性。白藏房的形式为平屋顶形式，并且除了基本的保温防水特性之外，还提供居民晾晒等活动场所，同时遵循着建筑传统装饰手法，屋顶的形式和做法也颇有讲究，结合着现代的技术材料的运用，构造形式也发生着变化。

7.5.1 屋顶面

“屋顶”一词在《中国大百科全书》中的解释是“房屋上层起覆盖作用的围护结构，又称屋盖”。白藏房的重要组成部分之一就是屋顶面，白藏房的屋顶面主要功能是用来晾晒谷物和粮食，而屋顶面作为建筑的核心功能则是防水。屋顶面的楼板与二层以及三层的楼板构造大致相同，区别在于，室内的装饰面层采用的是木质地板，而室外空间由于防水的需要取而代之的是阿嘎土屋面，起到防水耐用的作用。但随着技术的进步，现在许多屋顶在阿嘎土屋面的基础上铺设了防水卷材，或者用水泥砂浆抹平来防止屋顶面受到雨水的侵蚀而影响室内空间活动。如图 7-12 所示。

(a) 阿嘎土屋顶面

(b) 水泥砂浆屋顶面

(c) 防水卷材屋顶面

图 7-12 屋顶面材料形式

7.5.2 檐口与女儿墙

檐口是建筑外墙顶部与屋顶面交接的部分，是为了方便排除屋面上的雨水以及保护墙身而设置的构件。白藏房民居建筑的檐口在保持建筑特色的同时，也有着独特的构造手法，楼板之上的女儿墙采用现代工艺处理。不同白藏房民居材料的选择和使用可能有所不同，但檐口的类型基本一致，只是在一些细节上有所差异。檐口最具代表的特征就是方形与圆形的仿椽图案的使用，白墙与红色的搭配让整体形象不再单一，同时黄色装饰带的加入使得建筑更加富有宗教意味。女儿墙则是在夯土时高于屋顶大约 0.5 米，然后在屋面打阿嘎土时与屋面连成一体（图 7-13）。

图 7-13　屋顶的女儿墙

7.5.3 排水构造

白藏房采用的屋面排水方法较为简单，直接在屋顶部分设置雨水口，并给予一定的坡度，雨水便可以顺着坡度流入雨水槽，最后顺着管道流向建筑的下方。雨水口的形式更为简洁，从屋面上方很难发现雨水口的位置，尤其是全覆盖防水卷材的屋面。雨水口上方也并未设置过滤设施，这也和白藏房屋面的使用频率以及风俗有关。秉持着洁净观念的影响，屋面一般都保持着

整洁，再加之晾晒粮食以及定期会上楼顶进行燃烧松柏枝等宗教活动，屋面的干净自然得到了保障。

雨水口一般采用直径约为 0.1 米的 PVC 管材，入水口部位与屋面保持平齐。不同的屋面防水也对应着不同的雨水口处理方式。一般在全覆盖防水卷材的屋面，雨水口管径内也会刷上防水材料，用以保障雨水口与屋顶面的接缝位置不会漏水。而另一种则是水泥砂浆的屋面雨水口处理，与全覆盖防水卷材屋面同理，在雨水口与屋面接缝部位涂上防水材料防止雨水通过接缝渗入屋面板（图 7-14）。

(a) 全覆盖屋面雨水口

(b) 水泥砂浆屋面雨水口

图 7-14 屋面雨水口形式

7.6 门和窗

藏族谚语有“藏族木门人家”，说明藏族建筑均使用木门。木材取材容易，制作方便，且坚固耐用；有些门用金属装饰，主要为铁皮和铜皮。因为门洞的尺寸较小，门的开启方式以平开为主，有单项开启和双向开启两种，使用门轴连接，构造简单，制作方便，开关灵活。而窗的主要功能是采光、通风、观察和传递物品。藏式传统建筑窗的主要特点是：洞口尺寸一般较小，窗台高度较低，窗套的形式多种多样，窗上有较多的装饰品，开窗方向一般朝南。

7.6.1 门

白藏房中门的类型按照功能可以分为院落大门、外墙门以及内部隔断门。有些白藏房民居建筑附带有院落空间，因此需要院门来控制与外界的接触，同时保障自家院落的安全。外墙门的设置根据各家藏民主人的要求设置，过去的藏民以饲养牲畜为生，因此会开一个后门方便喂养牲畜以及通往后菜园等，因此外门数量一般为一或两个。最后就是室内用来分割的隔断墙内门，数量以及形式较多，主要用来控制各个房间的进出安全以及通达性，内门则是根据各家主人的装修风格不同而有所差异。

（1）院门

附带有院落的白藏房民居往往是在交通道路旁边，由于道路上来往人流量大，势必会影响到居住的安全性和私密性，因此便有了院落的诞生，同时院落大门则是守护院落安全的关卡，还关乎着房屋主人的形象，有些院落门上的花纹装饰还可以反映出房屋主人的宗教观念或信仰。

院落大门的外形多样，外部造型随着时间而逐渐改变，年代久远一些的院门造型较为复杂，夹杂着浓厚的宗教气息。外部以三椽三盖为主要造型，门的支撑结构随着围墙以及高差的不同而变化。但随着信息和网络的发达，以及交通所带来的便利，藏民们接受了来自外界文化的冲击，许多家庭的建筑构件慢慢地汉化。原有传统形式的木质院门改为汉族农村院落的铁门。因此对白藏房的院门按照材料分类，主要分为铁门和木门，铁门与普通的汉族大院门相同，较为现代。但木质院门却因其时间的长远和宗教思想的影响，在外观造型上有所差异（表 7-4）。

表 7–4 常见白藏房院门形式及特征一览表

牛角图案	门框图案	门扇特征	门头形式	开门方式	实景照片
无	绿色填充	网格划分 瑞兽铺首	三椽 三盖	双开推拉	
有	绿色填充	网格划分 瑞兽铺首	二椽 二盖	单门推拉	
有	经文雕刻	三色彩漆 吉祥八宝 图案	二椽 二盖	单门推拉	
无	经文雕刻	涂刷红漆 瑞兽铺首	二椽 二盖	双门推拉	

白藏房的院门形式较多，各家的地形条件以及审美差异化导致门头形式及做法并无统一的要求，唯一类似的特征是上方的门头部分，无论是三椽三盖还是二椽二盖，其构造形式与内院的窗户相同。在院子大门的尺寸上，也与自家白藏房建筑的体量、院落的大小维持着一种平衡关系，一般来讲，院落较大的人家，大门设置得较为宽松，以双开为主；院落较小的人家出于对

院落空间的节省目的，采取单开门形式。

（2）外墙门

外墙门是指白藏房主体建筑墙所开设的门，是建筑的主要入户门，同时外墙门的数量根据房间使用功能和建筑的整体体量决定，部分“L”字形白藏房一般开设两扇门，也有不少“一”字形白藏房由于体量过大，也设置两扇外门，一大一小。外墙门的类型根据开门方式可以分为单开、一扇半开以及双开门类型。外墙门整体的造型风格与窗户的风格类似，延续了三椽三盖的门楣设计。只是在色彩上有所区别，不同人家的外立面装修风格差异导致的门框以及门扇的颜色有所差别。外墙门的构成材料都是实木，由木板横向拼接而成。门高较低，一般在 2 米左右，单扇门宽 1.5 米左右，一扇半门宽约 1.8 米，双开门则在 2 米以上。根据自家地势的高低设置门槛。门槛高度在 0.2 米左右。三种外门构成见表 7-5。

表 7–5　白藏房民居外墙门形式一览表

外门类型	实景照片	构成示意图
单开		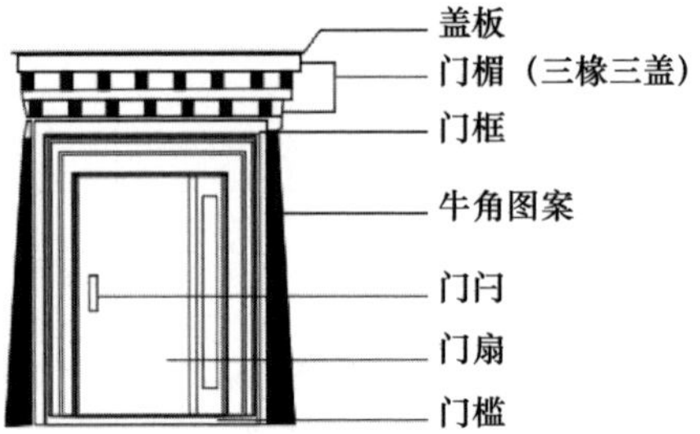 盖板 门楣（三椽三盖） 门框 牛角图案 门闩 门扇 门槛
一扇半开		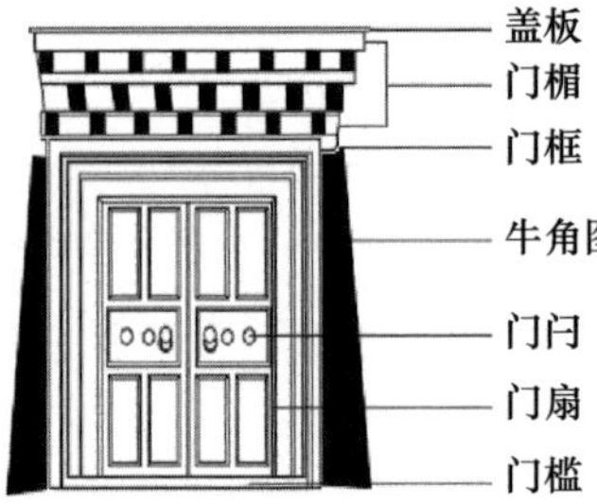 盖板 门楣 门框 牛角图案 门闩 门扇 门槛

续表

外门类型	实景照片	构成示意图
双开		盖板 门楣 门框 牛角图案 门闩 门扇 门槛

所有外墙面上的门和窗户几乎都有三椽三盖，这个构件的做法也较为特殊，并且针对不同房间的功能活动，层数也有所不同。例如经堂为白藏房中地位最高的地方，有些富裕的家庭会在经堂的外窗户上做四层窗檐，来表达其等级地位。三椽三盖的构造示意如图 7-15 所示。

（a）实物图

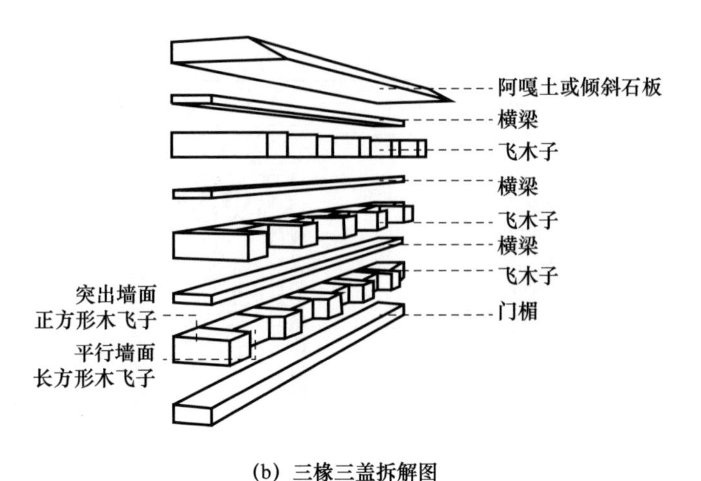

(b) 三椽三盖拆解图

图 7-15　三椽三盖结构示意图

（3）内部隔断门

白藏房外部的大门和院落门在整体造型上基本沿用着三椽三盖的手法进行设计，但室内空间的隔断门就略显随意。主要是根据各家装修风格和经济条件来决定。白藏房的修建过程并不是一次性修建完成的，因此室内装修更新是常有的事情。有些经济条件相对富裕的人家室内门安装得十分精美。而一般家庭的室内门相对室内空间的修饰相对简单，根据内隔断门的开门方式可以分为推拉门和平开门，两种类型的门都是纯木制作，且与内部隔断墙融为一体。见表 7-6。

表 7–6　内墙隔断门形式一览表

开门方式	实景照片	构成示意图
推拉		1100 2200

续表

开门方式	实景照片	构成示意图
平开		

7.6.2 窗

在白藏房建筑中，较有特色的就是窗户的设置，窗户的有序组织和排列使白藏房的外观显得不那么呆板笨重。作为建筑使用来说，开窗有利于建筑内部的采光和通风，有利于建筑内部人员有效观察建筑四周的情况，白藏房的窗户一般较大，窗台的高度较低。同时窗套的形式也会依照房间功能的不同有细微变化，往往朝着南向开窗。整栋建筑中按照使用功能可以分为外墙窗及内隔窗。由于白藏房建筑内部采用的是木制隔墙，内窗往往与隔墙一体化，对内窗的施工工艺要求较高，因此有些居民中内窗设置较少。再加之白藏房外墙窗设置数量较多，能够满足房间内部的采光通风要求，这也是造成内窗数量较少的主要原因之一。窗框拆解示意如图 7-16 所示。

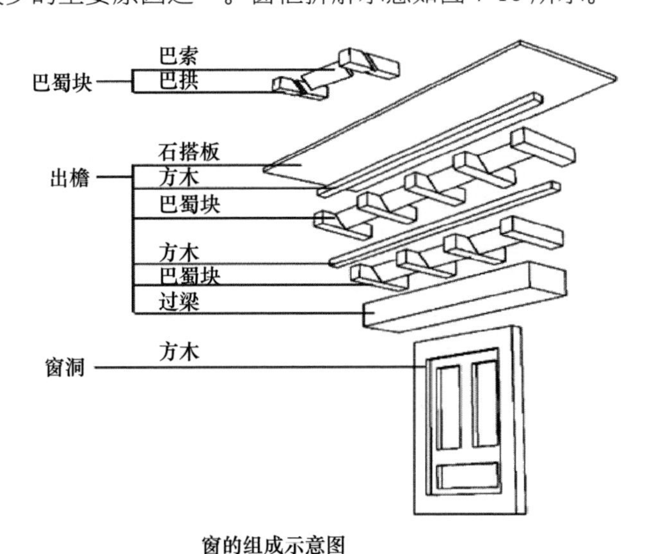

窗的组成示意图

图 7-16　白藏房外窗构造示意图

（1）外墙窗

白藏房的外墙窗最大的特点是窗户周围涂刷的黑色梯形黑框，这与当地的宗教信仰有关，与此同时黑色墙面可以吸收热量，能够有效地将太阳能转化为热能，进而提升室内温度。窗户的构成也复杂得多，主要包括窗檐（三檐三盖）、窗楣、窗套、窗扇和巴卡（牛角涂料）。白藏房的体量较大，窗户面积相对整个墙面占比较大，但窗洞的尺寸相对于整个窗户面积来讲并不是很大。反而是窗檐的设计和面积占比不少。窗套种类丰富，造型各异，但整体的做法和构成并无区别，按窗扇数量可分为双扇开窗和三扇开窗。基本构成见表 7-7。

表 7–7　外窗形式及构成一览表

窗扇数量	实拍照片	构造示意图
双扇开窗		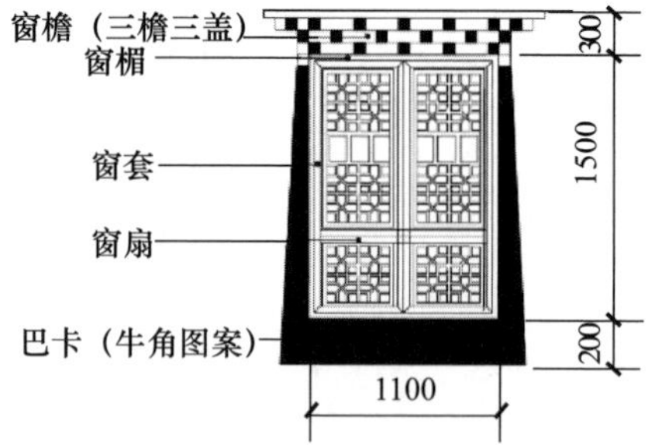 窗檐（三檐三盖） 窗楣 窗套 窗扇 巴卡（牛角图案） 300 1500 200 1100
三扇开窗		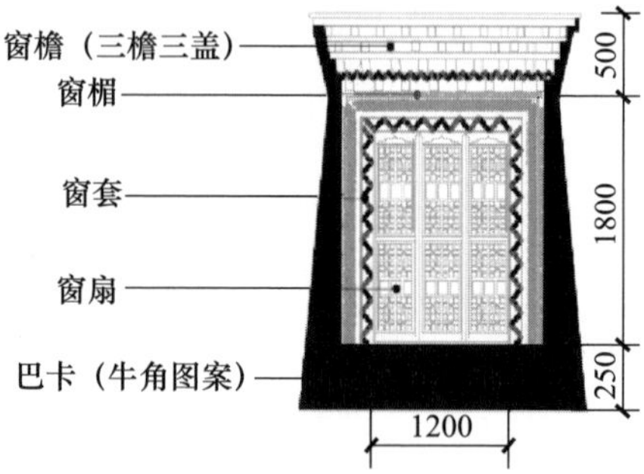 窗檐（三檐三盖） 窗楣 窗套 窗扇 巴卡（牛角图案） 500 1800 250 1200

由于外部设置了窗框，所以外墙的窗户开启方式是朝内开启的，在窗户内侧设置把手以及锁闩，开窗时，拉住把手向内部开启，下雨时，则向外推平窗扇，并拴上锁闩以抵挡风雨。外部墙体的厚度使得窗户内部的窗台空间十分宽敞，并呈梯形向内部延伸（图 7-17）。

(a) 向内开窗方式

(b) 特色木质窗框

(c) 窗户内部空间

图 7-17　窗户开合方式及窗台内部空间

（2）内窗

除了装饰精美的外墙窗，部分白藏房内部也会添加一些内窗，内窗并无采光功能，仅仅用来装饰，以及建筑内部的空气流通功能。这种内窗往往设置在建筑面积较大、经济条件较好且装修精致的富裕人家，一般人家鲜有设置内隔断窗装饰。内窗装饰一般较为简单，采用几何图案镂空，但与隔断幕墙一体使其工艺相对复杂，因此并不普及（图 7-18）。

(a) 内窗实拍图

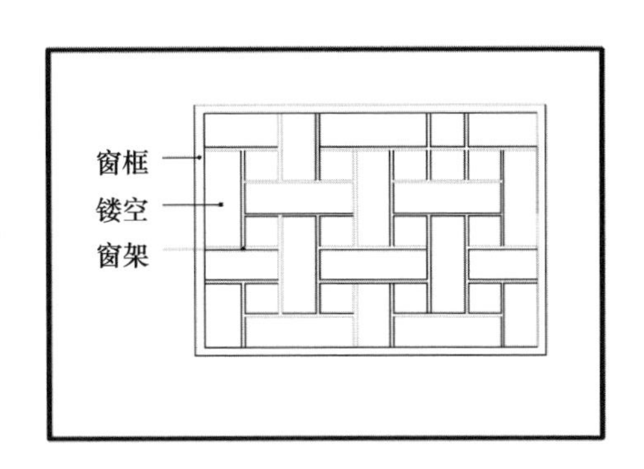

(b) 内窗纹样

图 7-18　内窗样式示意图

7.7 本章小结

本章通过依据白藏房民居的基础、维护墙、梁板柱、楼梯、屋顶及门窗各个方面对建筑的构造进行了基本描述，概括了白藏房民居内部结构的基本构造，从本章的基本描述中我们可以看出，白藏房的构造技术在木作方面的优势较大，无论是外部装饰精美的窗框及窗套，还是内部梁板柱的搭配，都无不展现着藏民们精湛的木工技艺。但在房屋的其他构造方面，却显得略微粗糙，例如粗糙的墙面，以及排水效果较差的楼顶。但随着现代工艺的发展，白藏房构造也开始逐渐融入现代工艺，屋顶面加入防水卷材，室内开始铺设地板层，新型现代构造工艺的加入弥补了原有结构性上的一些不足，使白藏房民居能够在保证其原有特征的同时提升居住品质。

8　白藏房民居的营建技术

白藏房独特的建筑构造离不开其特殊的营建技术，本章从白藏房民居的营造技术角度出发，介绍不同建筑构造的施工方式。

8.1　营建材料与常用工具

8.1.1　营建材料

乡城县的白藏房以土木结构为主要结构方式，木材及黏土是这类建筑的基本材料，这类建筑的围护结构主体是以天然黏土为建筑材料，采用夯筑技术夯筑的土墙体。其中阿嘎土、帕嘎土、边玛草是藏族独有的建筑材料。建筑物的结构受力分布主要由木料传递。较硬的木料（如冷杉、核桃木）多用于结构骨架，较软的木料（如杨木）则用于室内装饰雕刻。阿嘎土用于建筑屋顶、地面表层封护材料，其主要成分是硅、铝、铁的氧化物，具有坚硬、光泽、美观的良好效果。据考古调查，吐蕃时期的墓葬中已发现用阿嘎土铺地的做法。阿嘎土虽然有渗水的缺陷，但是只要严格按照操作程序分级配料施工，勤于维护、保养，保持排水畅通，仍不失为一种坚固耐久、适合平顶建筑使用的建筑材料。黏土作为墙体的主要材料，有着相当重要的作用，黏土和水以一定的比例混合，夯筑后会形成坚实的墙体。其材料特征与生态性见表 8-1。

表 8-1　康巴藏区民居材料特征与生态性

项目		材料	材料特性与生态性
结构部分	墙体	黏土	利用黏土夯筑，每夯筑一段时间需要使其坚固后再继续施工，材料环保无污染，就地取材
		石材	较大的石块一块一块往上垒墙，石块之间用泥土黏结，小块石块之间的空隙用较小的碎石填塞。可就地取材，循环利用
		木材	每层有两圈木墙筋的石木结构，以墙承重，可循环使用材料。大量砍伐破坏生态，但用量小
底层地面		石片	就地取材，环保材料
		黄泥	
屋面部分	屋面覆盖	木板	木板可用作屋面板。木板需要购买或砍伐，可循环利用
		细枝	细梁上满铺细枝，主要来源于山上树木较细的枝桠，大致方向与下层细梁垂直。可就地取材，无须购买
		片石	木板上面还要铺上一层石片，大约为 8 ～ 10cm 厚。石片可自行开采
		黄泥	细枝与木板之间铺上一层黄泥以隔声、隔水，黄泥可就地取材
粉刷材料	外墙	黄泥	第一层刷上麦草泥，第二层则是麦糠及较细的黄泥混合成的材料。均是可就地取材的环保材料
		白灰	墙体外表面刷白灰，一年或几年更新一次
	内墙	黄泥	麦糠及较细的黄泥混合成的材料是就地取材的环保材料
		细枝	细梁上满铺细枝，主要来源于山上树木的较细的枝桠，大致方向与下层细梁垂直。可就地取材，无须购买
楼面部分		木板	细枝上铺放木板作为地板。木板需要购买或砍伐，可循环利用

（1）*石材*

石材是石砌碉房建筑的重要原料之一，乡城县的白藏房石材需求量与藏族其他地区相比要少许多，石材主要运用在墙体砌筑的底部，一般高度为 1m 左右。石材开采于聚落附近裸露的岩石地表，或者开凿山体。石头民居所选石材种类较多，墙体以青石为主，颜色重为上乘，软硬适中，便于加工。石板瓦材与青石属同一种石材，形成于不同时期，与普通青石分属不同地质断层，在长期地质运动的过程中形成了特殊的层叠状态。石板瓦材相比烧制的小青瓦有着较好的憎水性，排水较快且不易渗漏，耐久度也比较好。

（2）黏土

黏土是白藏房墙体的主要材料，有时院墙也使用黏土。黏土作为墙体材料时，一般也会加入少量的稻草，起到防止墙体开裂的作用。

（3）木材

建房的木材并无特别要求，槐木、杨木、榆木、椿木、核桃木都可使用。另外，木材在选择上注意树木本身的质量，是否有虫蛀、腐烂，硬度能不能达到要求，都在考虑范围内。槐木、杨木通常是比较理想的大梁木材，因为槐木虽然生长速度较慢，但耐潮抗压，树干的维度较粗，承载能力较好。另外，对木材的出料时间也有一定的要求。春天砍伐的杨木最壮，夏天是槐树，冬天是桐木，每种树木出料都有各自的时间，如果不按时间采伐，木料就容易腐烂生虫，不利于木材的性能发挥。

（4）边玛草

在西藏、青海和川西部分地区，无论是宫殿上的女儿墙，还是寺院殿堂的檐下，都有一层如同用毛绒织的赭红色的东西，这就是边玛草墙。边玛草是一种柽柳枝，秋来晒干、去梢、剥皮，再用牛皮绳扎成粗细如拳头般的捆，整齐堆在檐下，在墙外又砌了一堵墙。然后层层夯实后用木钉固定，再染上颜色。它不仅有着庄严肃穆的装饰效果，而且由于边玛草的作用，可以把建筑物顶层的墙砌得薄一些，从而减轻墙体的质量，这对于高大的建筑物显得至关重要。边玛墙制作工序复杂，建筑成本高，历史上出于等级区分，普通民居不享有砌筑边玛墙的待遇，所以它成了藏族部分地区划分等级的标志之一。因此一般在寺庙中使用较多，民居使用较少。某相关示意如图 8-1 所示。

(a) 石材

(b) 背运黏土

(c) 建筑中的木材

(d) 边玛草材料的女儿墙

图 8-1 白藏房的主要建筑材料

8.1.2 常用工具

在藏族传统石砌民居的营造过程中，工具是必不可少的，正如俗话所说“工欲善其事，必先利其器”，石作技艺所需要的工具也是种类繁多，主要工具见表 8-2。

表 8–2 石作技艺所需工具统计表

工具类别	简介	图例
测量画线工具	鲁班尺或三角尺，尺身为硬木制成，尺上没有刻度，主要用于画直角与 45° 角的直线	鲁班尺

续表

工具类别	简介	图例
测量画线工具	墨斗相当于工匠的记号笔，用来弹画直线记号	 墨签 线坠
解斫工具	斧子，用于石材的粗加工	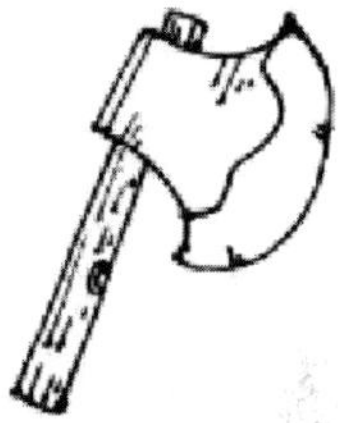
	锯子，用于木材的粗加工	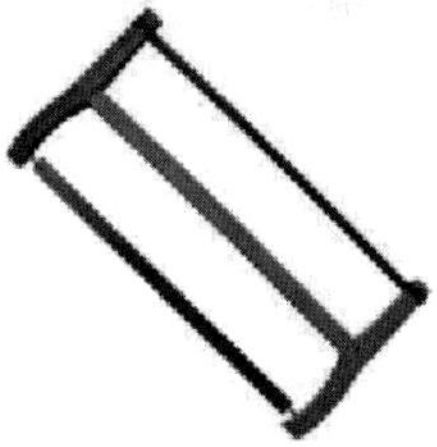
	泥刮，用于抹灰	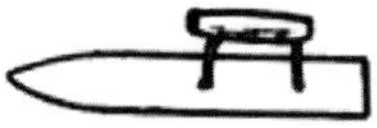 泥刮（灰抹子）
	铁锤，夯实砖块	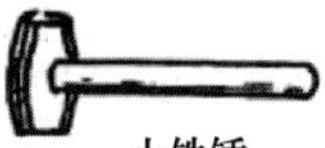 小铁锤
	锄头，挖基坑及搬运砖块	

除此之外，由于白藏房的墙体由土夯筑而成，因此还需要木质的模板，以及夯实墙体用的木桩及铁夯等工具。建造所使用的工具及使用场景如图 8-2 所示。

(a) 夯土工具示意图

(b) 夯土工具的使用

图 8-2　夯土基本工具

8.2　泥水作设计与营建技术

8.2.1　地基的营建

天然地基的处理方式相对较为简单，只需对原有的土层稍加平整之后，便可以开始施工修建房屋，往往早期的白藏房会采用天然地基。而人工的地基处理方式则有很多种，常用的人工加固地基方法有压实法、换土法和桩基法。现如今的白藏房使用较多的则是压实法，地基的土层也根据受力的程度分为不同层，直接承受建筑竖向荷载的土层为持力层，持力层以下的土层则为下卧层。持力层的部分，在处理方式上又有所不同，过去一般采用夯实的处理办法，而如今大多数采取的则是在持力层上方再加一层条石基础以缓冲受力荷载，以及防止外来的雨水侵蚀。基坑的施工流程也相对简单，一般基坑处理流程如图 8-3 所示。

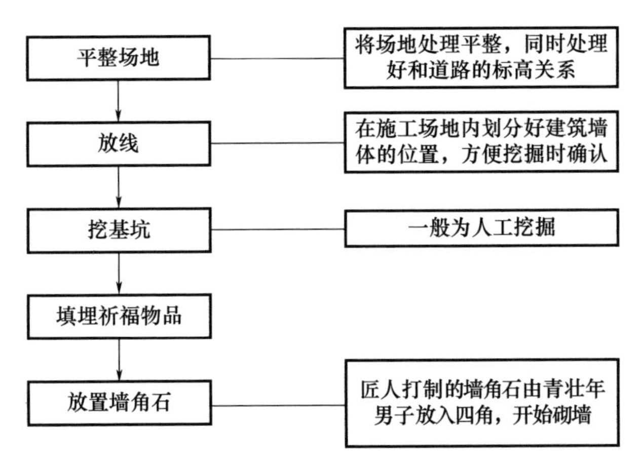

图 8-3 基坑处理流程

在这种没有深埋的地基中营建房屋，承重的柱子一般落在硬质土层上，也可能是埋在土里的一块硬石板上。大部分的柱子会铺一层石板层作为柱础，同时也起到一层地面的作用，承重墙则直接落地。因此，除朝向与地理位置外，建筑的选址和基地的土质状况也密切相关。这样的基础形式是为了最大限度地防止地下的潮气腐蚀木柱，并且沿着木柱上升至建筑内部。底层地面一般比室外地坪上抬 10 ～ 15cm，其材料主要有石片、石块及黄泥。大部分地区使用阿嘎土作为基础，构造详见图 8-4。

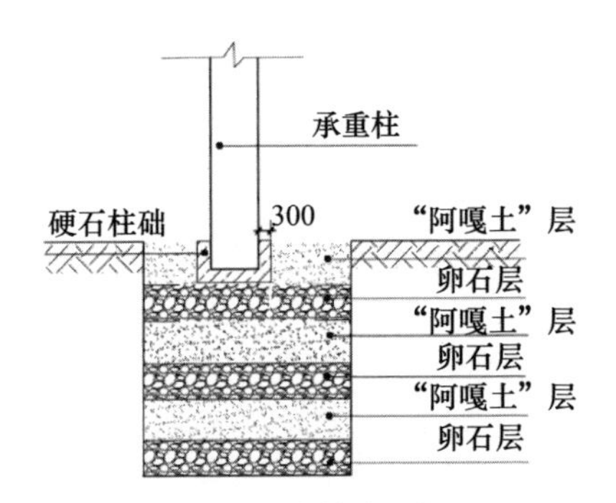

图 8-4 碉房基础示意图

8.2.2 墙体的营建

白藏房中的墙体按照功能可以分为隔断板墙（内墙）、夯土维护墙（外墙）以及石砌墙（围墙）三种墙体。隔断板墙主要起到划分室内空间的作用，外墙起到保温隔热作用，而围墙的作用则是用来划分居住界限，形成院落空间。三种墙体的功能作用不同，因此其各自组成的材料以及构造也有所不同。隔断板墙的材料为木材，将在后文中详细介绍其营建手法。

（1）*石砌墙*

石砌墙体在营建时较为简便，材料获取也较为容易。具体操作过程如下。

第一步：根据基础位置，开始确定墙角或围墙的位置，会由熟练的工匠“把角”，将大的石块放置，在两角里外拉线。

第二步：根据拉线的范围，由两边向中间砌筑，同时，左右之间的石缝填塞片石使之紧密，让其就位、稳固，不能移动，必要时可以使用黏土等黏合剂，黏合剂的作用为固定碎石和石片，这样就完成了“一皮”的砌筑。

第三步：在“一皮”砌筑完成后，由于石材不规则，会在石材上放置一些碎石或者板石，目的是找平，方便砌筑的同时提高墙体的稳定性。在墙角及里外石块之间适当距离处选用较长石块使之“咬茬”，内外墙体同时砌筑，同时注意“咬茬”的布置。

第四步：在砌筑到一定高度时，为了增强墙体的稳定性，会在墙体中布置枋木，也就是墙筋，这样做通常被认为可以起到对墙体的左右拉结和防止墙体下沉的作用，一般在围墙中也会使用到枋木。

第五步：墙角部分的处理是一项重点工程，需要由技术熟练的匠人来把控。具体的要求为：墙角的横切面必须为直角，墙角所用的石块也比较大，且墙角从上至下必须在一个平面内，这样是为了防止墙体歪斜，并且各角的收分度数应该一致。

第六步：在墙体砌筑过程中会有收分，每“一皮”砌筑完成后就会相对于下面的一层退缩一小段距离，形成上窄下宽的墙体。

除此之外，在施工中有时还用砌筑速度来控制质量，施工一段时间会停几天，观察墙体的沉降，正是由于在施工中注意并采取了以上措施，所以藏族建筑的石砌墙体整体性强，质量好。其相关图片如图 8-5 所示。

(a) 石砌围墙

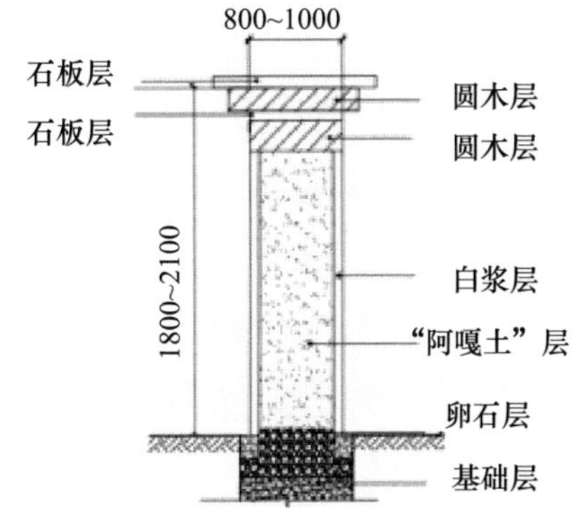

(b) 石砌围墙构造图

图 8-5　碉房石砌围墙

（2）夯土墙

夯土墙主要是指建筑主体部分的外墙，白藏房民居建筑的外墙是采用泥土夯实后砌成的，整个外墙角度呈向上收分的形式，墙体底部较为厚实，层数越高，底部墙体的厚度越厚，最厚的地方高达 1m，墙体的外层用白色的涂料由顶层从上往下浇筑，沿着收分的墙体向下流动的白色颜料呈现出自然的纹理。墙身的构造图相对简单，仅基础材料和做法有所差异。

夯土墙在营造过程中主要有两个部分，一是 1m 左右高的石砌墙体，二是夯土墙体。

夯土墙中下半部分的石砌墙体起到了部分基础的作用，同时可以提高墙体的整体稳定性，在营造过程中，流程与石砌墙体相似，但有部分细节操作如下。

① 错缝砌筑。石材与石材之间需要错缝砌筑，大的石头上下之间需要相互叠压，不可对缝砌筑，前后也要注意错位，大石四周需要用小的块石或片石垫砌，必要时可以使用黄泥、黏土等黏合剂，这样可以保证材料之间的相互咬合，整体形成稳定的墙体。

具体做法就是在砌筑时注意石块间的搭配，上下叠压，处理好大石块与小片石和泥土三者之间的空间组合关系。

② 墙体收分。降低结构的重心在提高建筑稳定性和抗震性上有着明显的效果。墙体的收分就可以有效地降低重心。

在调研过程中，笔者据当地人介绍得知，外墙的收分是在砌筑每“皮”后，每层石块都有一定的后退量，其中具体的后退量是由熟练的匠人根据多年的经验决定的，没有具体的数据。因此，在砌筑的过程中需要由砌筑者自己把握收分的尺度。但也有资料可以参考，《四川藏族住宅》（叶启桑，1992）一书中，对四川藏区碉房的墙体收分定量总结如下：“在筑砌墙身时，计算收分则每层楼的墙高（0.5m）规定（或习惯）收分一“跪”，“跪”是拇指伸直，中指弯曲两节时的距离，长约 12cm。按照这一比例计算，便可得出墙的收分率约为 5%。

之后便是上半部分夯土墙的营造，需要搭建模板后进行土墙的夯实（图 8-6）。

图 8-6　夯土墙体的营建

随着墙体的高度提升，工匠也随之向上夯筑。由于夯土墙的特殊性，因此在施工到一定的高度后，需要观察一段时间之后再继续向上施工，这样做的原因是可以控制墙体的整体质量，也可以观察墙体的沉降（图 8-7、图 8-8）。

(a) 夯土墙的营建之一　　　　(b) 夯土墙的营建之二

图 8-7　夯土墙的夯实

图 8-8　二层夯土墙的夯实

不同于外部墙面的收分，内墙面是垂直形态的。墙的内部则按照室内装修的风格和房间的使用功能来选择性地进行装修和维护，客厅等地方以木板维护装修或打制壁柜为主。有些家庭由于经济条件的原因，在一些使用频率较少的房间或等级较低的房间，例如，三楼的储藏间、一楼的畜牧间，并没有用装饰木板对内墙进行处理。为了节约成本，很多家庭仅仅选择对常用的人居空间以及起居室进行装修设置，而不是对全部内墙进行装修处理。有些墙体的内部仅仅做了简单的防护便直接使用。

由于白藏房采取的承重体系是以梁柱为主，因此，梁柱与维护墙体之间的构造关系是保证结构稳定的一个重要因素。梁柱与墙面之间的关系主要有两种，一种是纵向梁柱走向与墙面之间的垂直接触，另一种则是横向梁柱沿着墙面的平行接触。而第一种纵向梁柱与墙面之间的关系又可以划分为两种，一种是与普通层墙面之间的连接，另一种则是与屋顶层墙面之间的连接。

首先就是纵向梁柱与普通层墙面之间的接触，由于白藏房大多为二至三层，这里所指代的普通层则是除了顶层之外的一层和二层。由于墙身特殊的收分形式，而造成的墙身底部厚度往往高于顶部，因此底部厚重的墙体能够承受一定的横向荷载。由此，普通层墙体与梁柱之间的连接方式采取的是将椽木、木梁，以及垫木都切割成与墙面刚好卡合的形式，同时柱子也紧贴墙面，依旧在垫木之下。让墙体卡住并界定梁的长度，这种处理方式是为了避免墙体承受过多的竖向荷载而导致墙面损毁产生裂缝。其次就是顶层梁柱与墙面之间的连接。与普通层不同，顶层的梁柱并不是由墙面来卡合的，而是深入到墙体之内。楼板搭接在墙体之上，墙体同时也承担部分的竖向荷载，并且楼板也随着墙体收分的变化而变化。这种梁柱墙面处理关系与层数之间的变化，主要是因为不同层数所承担的功能不同而造成的。通常情况下，一层与二层是作为白藏房生活起居使用的，使用频率较多，而三层往往只有经堂和晒台，使用频率相对较少，同时，第三层的梁柱与墙面之间的搭接关系主要是为了屋顶的承重，而顶层屋面的功能除了晾晒谷物以外，相对一、二层所承受的竖向荷载几乎可以忽略不计；而顶部的墙身相对底部的墙身厚度要窄很多，单薄的土墙并不能很好地承受横向荷载，卡住梁枋。因此顶层的转变方式是为了保护墙体不会受到横向力的作用而产生的。两种连接形式如图 8-9 所示。

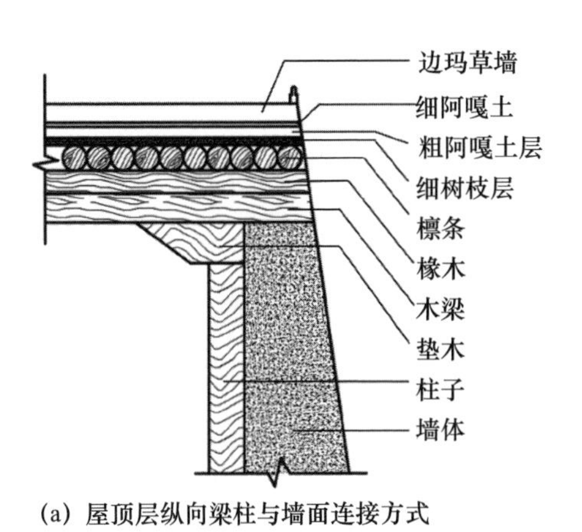

(a) 屋顶层纵向梁柱与墙面连接方式

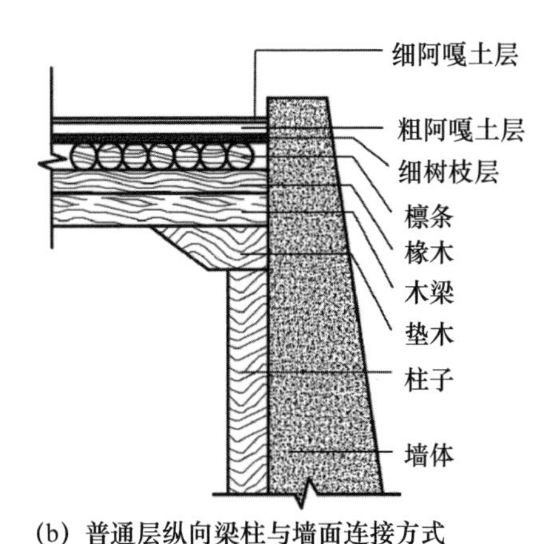

(b) 普通层纵向梁柱与墙面连接方式

图 8-9　纵向梁柱与墙体之间的连接方式

横向梁柱与墙面的连接相对较为简单明了，柱子沿着墙的方向定好距离后放置，按照横梁之间的连接方式紧靠着墙壁连接起来即可，其中部分横梁会与纵梁相交，处理方式与“T 字梁”连接方式相同。横向梁柱与墙体连接方式如图 8-10 所示。

(a) 单独横向梁柱与墙体的连接方式

(b) 纵梁与横向梁柱交错时与墙体的连接方式

图 8-10　横向梁柱与墙体之间的连接方式

8.2.3 屋顶的营建

（1）屋顶面

房屋的重要组成部分之一就是屋顶面，白藏房的屋顶面主要功能是用来晾晒谷物和粮食，而屋顶面的核心功能则是防水。屋顶面的楼板与二层以及三层的楼板构造大致相同，区别在于，室内的装饰面层采用的是木质地板。传统的白碉房屋顶所用材料为阿嘎土，阿嘎从山上采下来时是一种类似石头的坚硬土块，它具有一定的黏性。使用时把它砸成三种大小不等的形状(图 8-11)。

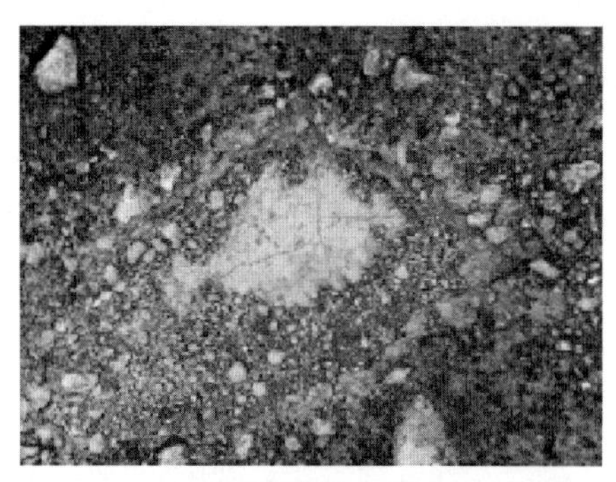

(a) 阿嘎土屋顶面细部

(b) 阿嘎土屋顶面

图 8-11　阿嘎土屋顶面

屋面的结构一般分为三层做法。第一层是承重层，根据房屋等级的不同在椽子上铺不同的材料，房屋等级较高的密铺整齐的小木条；房屋等级稍次的铺木板；房屋等级最低的铺修整过的树枝。第二层则是阿嘎土层，做法为：在铺了椽子的材料上铺设 0.1 米左右的小卵石和黏土，密实后作为垫层，然后在其上铺设阿嘎土，其厚度在 0.1 ～ 0.2 米之间，屋顶在垫层上找坡作泛水。第三层是面层，用作面层的阿嘎土有一定黏性，但其抗渗性能主要靠夯打密实和浸油磨光。面层的做法是，先在垫层上铺 0.05 ～ 0.1 米厚的粗阿嘎土，人工夯打。夯打过程中，要不断泼水，使之充分吸收水分。夯至表面起浆后，薄薄地铺上一层细阿嘎土再继续洒水夯打。对阿嘎土面层的质量要求越高打制的时间就越长。一般面层的打制时间为 7 天左右。面层密实后要将

泛起的细浆除净，然后涂上榆树皮胶，用卵石打磨。最后，再涂菜籽油 2 ～ 7 次，使油渗透阿嘎土面层。平顶屋面也有采用黄土的，基本做法与铺阿嘎土的屋面做法相类似。打阿嘎屋面如图 8-12 所示。

图 8-12 打阿嘎屋面

（2）檐口

檐口是建筑外墙顶部与屋顶面交接的部分，是为了方便排除屋面上的雨水以及保护墙身而设置的构件。白藏房民居建筑的檐口在保持建筑特色的同时，也有着独特的构造手法，楼板之上的女儿墙采用现代工艺处理。不同白藏房民居材料的选择和使用可能有所不同，但檐口的类型基本一致，只是在一些细节之上有差异。檐口最具代表性的特征就是方形与圆形的仿椽图案的使用，白墙与红色的搭配让整体形象不再单一，同时黄色装饰带的加入使得建筑更加富有部分宗教气息。

檐口顶部使用木材拼接的方式，最外部顶层的盖板尺寸约为 400mm，然后依次递减两层，每次递推 100mm 左右。檐口内面与女儿墙平齐，墙身厚度约 300mm，墙身以边玛草或其他材料砌筑，下层衔接夯土外墙，内侧一面延伸至屋顶层的楼板部分。檐口的内侧部分会刷上一层水泥砂浆或覆盖一层防水材料，与楼板结为一体。女儿墙墙身与夯土外墙接触的位置会以砖块填充，砖层在连接两种不同材料的同时，也为女儿墙提供了水平基准。檐口基本构成如图 8-13 所示。

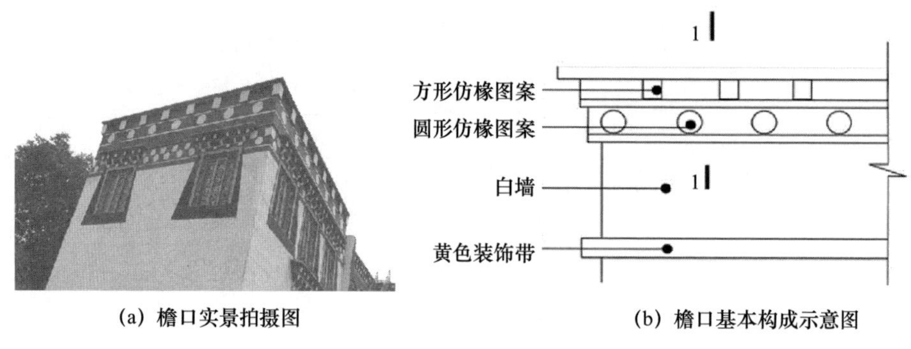

(a) 檐口实景拍摄图　(b) 檐口基本构成示意图

图 8-13　檐口基本构成

（3）压顶

压顶又被称为墙帽，位于宇墙、女儿墙、护身墙等矮小墙体的顶部，是用来压住砌筑的墙体以防止外墙顶部因外界风力作用使砖块掉落而设置的建筑构件。在白藏房中，由于白藏房的女儿墙构造不同于其他墙体，女儿墙部位采取的材料也有所不同，主要是根据新旧程度的不同，材料的选择也有所不同，砖块、边玛草、夯土均有使用。反而压顶的材料选择是以木质材料为主。白藏房的屋面檐口采取的是叠层形式，叠层的最上方均由木质板材制成。藏族将白色奉为最圣洁的颜色，女儿墙的压顶边角上会布置有白色的宝塔造型的石头，以此来表达对圣洁的崇拜（图 8-14）。

(a) 檐口侧面实景图

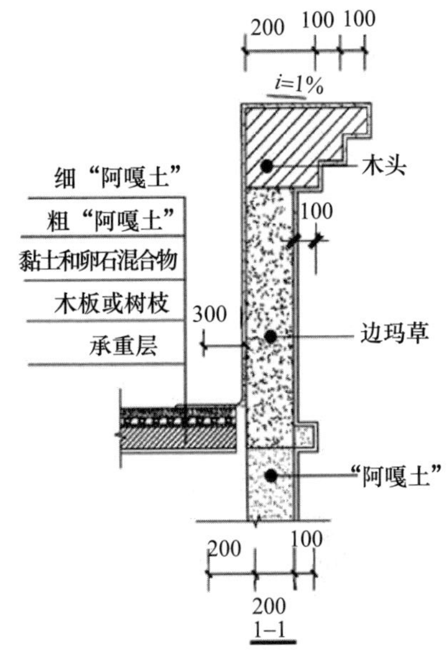

(b) 檐口构造示意图

图 8-14 檐口侧立面实景及构造示意图

还有一种压顶形式就是退台上的屋面压顶，在屋顶结构层的基础之上覆盖一层水泥砂浆找平层，然后再用一层模板覆盖，同时在屋面层的木板上钉上防水卷材，用以固定木板于水泥砂浆层之间的连接。两种压顶形式构造如图 8-15 所示。

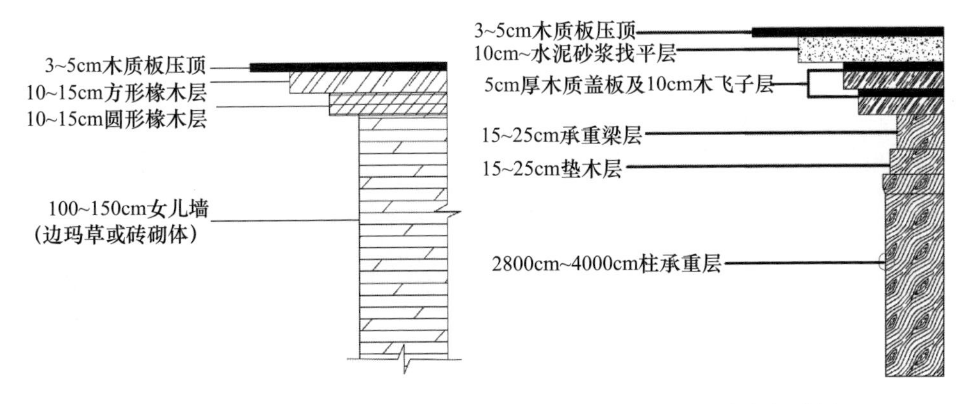

(a) 女儿墙构造示意图

(b) 屋面压顶示意图

图 8-15 两种压顶构造示意图

8.2.4 排水的设计与营建

泛水为屋面防水层与突出结构之间的防水构造，一般出现在突出屋面之上的女儿墙、烟囱、立管等与屋顶的交接处的位置。简而言之就是将屋面的防水层延伸到垂直面上所形成的立面防水层。白藏房的屋顶部分为平屋顶，除女儿墙之外，别无其他的垂直管道或构件，排水方式采取的是预留雨水口形式，另外还有退台廊檐的接缝情形。因此泛水的形式主要有两种，第一种是针对屋面女儿墙的泛水处理手法，第二种就是退台屋面与廊檐之间的防水处理。

（1）女儿墙泛水构造

白藏房民居的女儿墙做法不一，且防水的处理手法有所不同，白藏房建筑构造中最为常见的泛水处理手法有两种，一种为全包式处理，即防水卷材直接覆盖到女儿墙顶部，顶部用钉子钉在女儿墙上部，接缝处使用密封材料封口，以防渗水，如图 8-16（a）所示。另一种是屋面以水泥砂浆抹灰进行处理，但这种处理方式的耐久性不好，因此随着时间的流逝，屋顶面会由于太阳暴晒产生裂缝从而导致漏水，这时候会在屋面的裂缝处用液态密封材料进行接缝处理，女儿墙与屋面的垂直部位同样会涂抹这种材料来进行防水处理，如图 8-16（b）所示。

(a）全包式处理

(b）填缝式处理

图 8-16　屋面泛水处理方式

（2）退台廊檐的泛水处理

屋面的退台泛水处理仅仅针对那些有退台空间的白藏房民居建筑，还有部分没有退台空间的泛水形式基本上与以上的屋顶处理方式相同，而退台的泛水处理部位主要是在屋面与廊檐墙面之间的连接处。各家的连廊构造有所差异，因此处理泛水的方式也有所不同。有些连廊是开放形式的，外部用少量的砖来砌筑 80cm 左右的围墙，内外屋面分割不是很明显，因此泛水并未做明显的处理，如图 8-17（a）所示；另一种是封闭式廊檐，在廊檐屋面之间进行了完全的分割，上方定制了玻璃来隔绝内外空间，围护墙部分采用防水卷材进行了全包式覆盖，直至窗台，上方用钉子固定，接缝以及柱子部位同样用防水材料涂刷，如图 8-17（b）所示。

(a) 开放式退台处理

(b) 封闭式退台处理

图 8-17 退台泛水处理

8.3 大木作设计营建技艺

白藏房的结构承重体系基本是由木质构件来支撑的，主要包括木梁、木柱、木梯、木制楼板等，在此通称之为大木作。这些木质构件都有着独特的施工工艺。除了木质的结构外，就剩下用以分割空间的内部墙体了，内部墙体的做法与外部墙体相似，只是省去了收分的手法以及浇筑白色涂料这道工序，同时内部墙体的厚度相较于外墙也窄了许多。仅靠这些木质结构和夯土的组合，便将外观敦实的白藏房结构处理得层次分明。

8.3.1 柱的安装与搭接构造

白藏房中的梁是负责将竖向荷载转化为水平均匀力扩散给支撑的柱子，那么柱子的作用则是将梁板传来的水平力再传递给下一层水平构件，直至地面。白藏房的室内空间充斥着大量的柱子，并等距均匀地分布，这源于结构体系自身的限制。这种柱网的分布手法无疑给内部空间的完整性带来了很大的破坏，平均每三米就会布置一根柱子，这也使得白藏房的内部空间被整齐地划分为一个个小的单元，这也是白藏房以柱间作为基本单位的原因（图 8-18）。

图 8-18　柱的制作

白藏房的柱子是由柱身和垫木构成的，垫木的作用是加大柱子与梁之间的接触面积，从而将受力荷载的传输效率最大化。在不同的空间中柱子的形制也有所区别，柱子的形式主要随着空间等级的变化而变化，经堂以及寺庙等富有神性空间的柱子的形式最为复杂且颜色绚丽。而在白藏房民居建筑中不同人家也会根据自家白藏房中的空间等级划分而采取不同形式的柱子。在

早些时，一层的功能分区为牲畜用房，在建筑中的等级地位是最低的，且由于最早期的房屋建设所用材料较为粗糙，因此很多白藏房的一层至今仍然保留着圆柱结构。但随着生活条件的改善以及卫生条件的要求，一层的牲畜用房已经逐渐向其他功能转化，牲畜用房逐渐转移到白藏房建筑的侧屋。很多家庭的一楼也开始使用人居层所使用的方柱。而白藏房的最顶层是等级最高的地方，使用的柱子也是最为华丽并且经过处理的。方柱也分为普通的方柱和带有造型的方柱，图 8-19 中可以看出，两者的柱身并没有太大区别，主要是对用于增大接触面积的堆木进行了雕刻处理，经过雕刻处理后的堆木相较于普通的梯形堆木要精致许多，当然也比较费时费力，因此成本也高。这种经过雕刻处理后的柱子造型与图中寺院柱的造型有相似之处，这种柱子也常常运用在等级最高的经堂之中，从中可以看出宗教观念对于建筑构件的影响。有些藏民的房子是后期改建的，新建层的柱子也与原有的柱子有所区别。有些甚至与当地的寺庙中的柱子相近，不同的是并没有上色，大部分家庭的柱子均保持木材最原始的颜色，少部分家庭为了使柱子与室内整体装修风格相匹配而涂上颜色。也有少部分家庭会在柱子外层刷上外漆让柱子外表面光滑。常见柱子类型如图 8-19 所示。

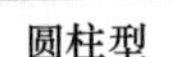
圆柱型

方柱型

带造型方柱型

染色柱型

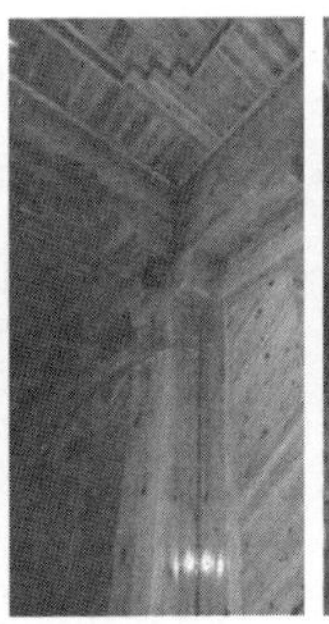
刷漆柱型

寺庙柱

图 8-19　柱子的不同形式

虽然柱子的类型较为繁多，但是通过柱身与梁枋的搭接方式来划分，可以分为三种类型：圆柱与圆梁的搭接、圆柱与椭圆形梁搭接、方柱与方梁之间的搭接。

第一种是圆柱与圆梁的连接，早期由于生产工具的落后以及效率的低下，无法对树木进行更为精细的加工。因此一些传统的白藏房民居内的梁与柱子仅仅是将树干的枝桠稍加修整便直接保持树干的原貌进行房屋建造使用，因此产生大量的圆柱和圆梁的连接，在这种情况下，采取的连接措施是将圆柱与圆梁连接的部位顺着梁的走向凿出一个矩形缺口，并在内部安插一块垫木，用以增强圆柱与圆梁之间的摩擦力，从而提升结构的稳定性，这种处理方式大大减少了树木的加工程度，节省成本和人力（图 8-20）。

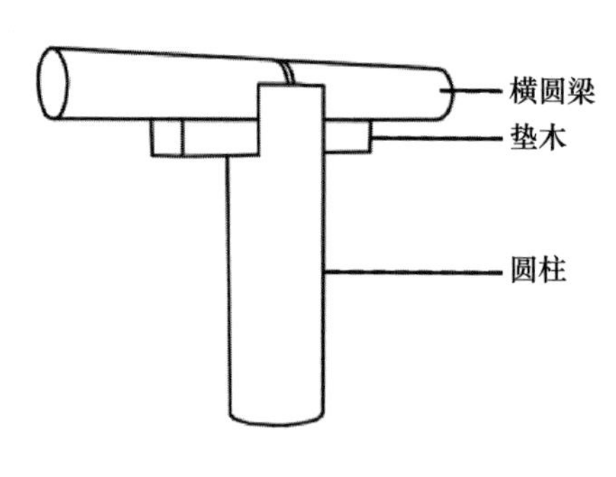

(a) 圆柱与圆形梁的搭接方式

(b) 圆柱与圆形梁搭接实物图

图 8-20　圆柱与圆梁搭接图解

第二种则是第一种方式的升华，主要是把梁的形状进行了加工，将圆梁上下削去一部分，使弧面变成平面，稳定性得到较大的提升，垫木与圆柱之间也不再需要凿出凹口进行固定，仅仅用平面搭接便可以达到稳定支撑的效果。垫木与梁的形状相同，垫木的横截平面部分比梁和柱的横截平面面积要大一些，以便于为梁柱的搭接留有部分错位空间。搭接图解如图 8-21 所示。

第三种连接方式也是应用最广泛并且沿用至今的连接方式——方柱与方梁之间的搭接，与第二种搭接方式是同样的原理，相较于椭圆形与圆形，方形体块的稳定性最好。并且随着生产工艺以及生产效率的提升，现代的机械使人们对树木等原材料的加工要方便许多。梁与柱之间采取了最稳定的方形

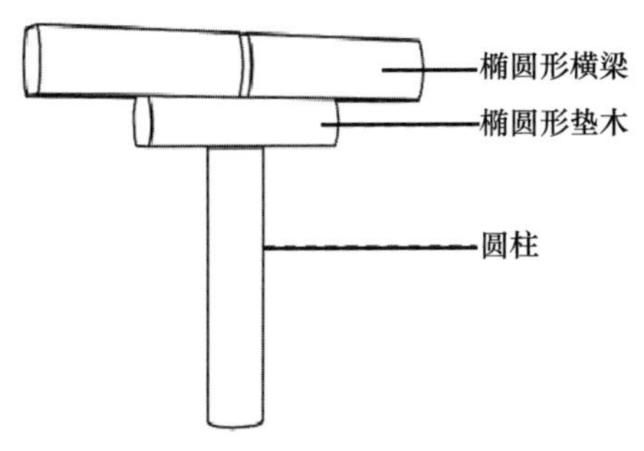

(a) 圆柱与椭圆形梁搭接方式

(b) 圆柱与椭圆形梁搭接实物图

图 8-21 圆柱与椭圆形梁搭接图解

搭接方式，中间用梯形的垫木来增加柱与梁的接触面积，同样，垫木的横截面部分要比梁柱大一些，留出部分错位空间，在原有的稳定基础上，进一步固定了梁与柱的关系（图 8-22）。

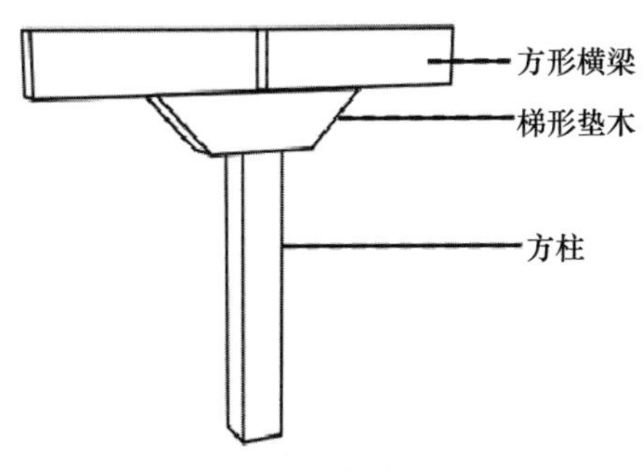

(a) 方柱与方梁连接实摄

(b) 方柱与方梁连接实摄

图 8-22 方柱与方梁之间的搭接图解

8.3.2 梁枋构造

梁与梁之间的连接形式主要分为三种，第一种是横梁之间的连接，连接方式主要是通过托木来实现的，托木与托木之间相对较近，使得梁与梁之间可以在一定的距离内搭接并保持稳定，主要的实现方式是以垫木中心为分界线，沿着垫木放置两段横梁，两段横梁以垫木中心分界线相接，各自另一头又与另一块垫木搭接。这种连接方式对柱与柱之间的距离掌控要求较高。如图 8-23 所示。

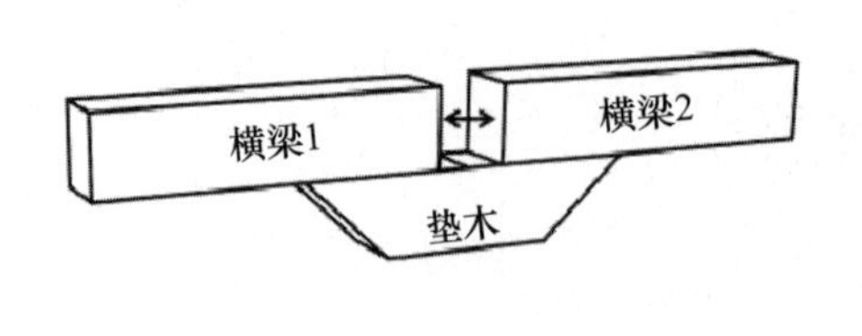

(a) 横梁搭接方式拆解图

(b) 横梁搭接实物图

图 8-23 梁枋的构造与搭接方式图解

第二种连接方式是“T”字形的横纵梁交叉方式，这种连接方式主要是两根横梁与一根纵梁之间的关系，其中两根横梁各自沿托木中心线后退等距离空间，使其中间部分的空间面积刚好容纳下另一根纵梁的顶头部分，纵梁的顶面与横梁的横向平面保持平整，一般以垫木分界线为中心，纵梁的另一端则跨向下一段横梁的垫木之上（图 8-24）。

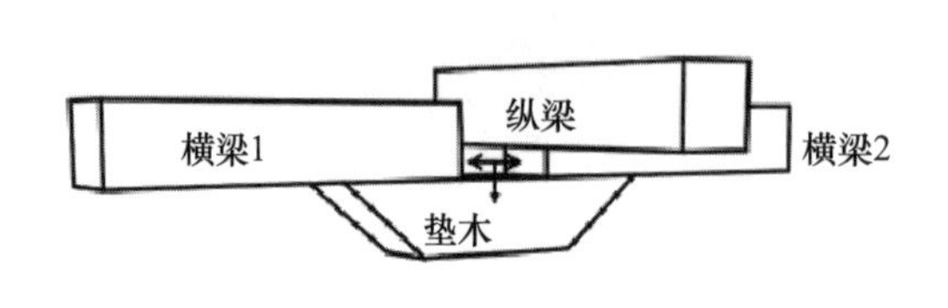

(a) “T字梁”搭接方式拆解图

(b) “T字梁”搭接实物图

图 8-24 “T”字形梁枋构造与搭接图解

第三种方式就是“十字交叉”梁柱的连接，顾名思义就是两根横梁与两根纵梁之间的连接，这种连接方式与“T”字形连接方式原理相同，只是在“T”字梁柱连接的基础上，将两根纵梁的顶部做了部分处理，在原有的连接方式上采用了部分榫卯结构手法，将两根纵梁的顶部各自切割成可以拼接的形式，另外两段横梁则与“T”字形处理方式相同，各自后退部分空间，以便于容纳纵梁的拼接部分。如图 8-25 所示。

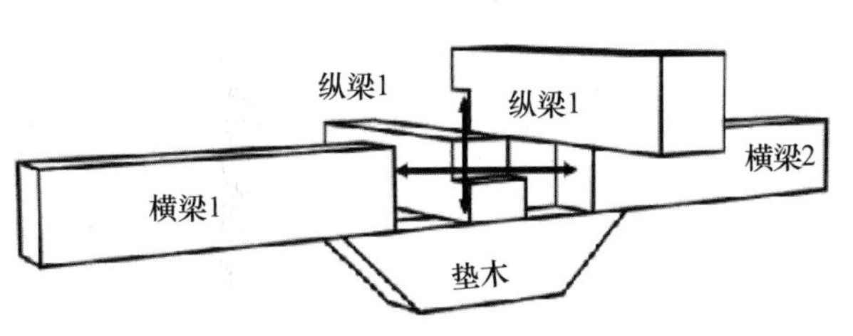

(a) “十字交叉梁”搭接方式拆解图

(b) “十字梁交叉梁”搭接实物图

图 8-25　十字梁枋构造与搭接图解

8.3.3　屋架、楼面及隔断板墙

（1）屋架

白藏房的内部构造中，屋架是整栋建筑的骨骼，正是由数根柱子支撑着楼板组成的整个屋架，才使藏民们能在室内自由地活动。一般白藏房民居建筑的层数为二层或三层，在两层交界处的平面势必需要楼板的存在。而楼板的内部组成也是白藏房结构平稳的关键因素之一。同时楼板也起到划分等级空间的作用。与其他构件略有不同，楼板所用材料相对比较复杂，由几种材料混合叠加而成。秉持着“在外不见木，在内不见土”的工艺原则，楼板的内部材料铺设得十分平整。

由于白藏房采取平屋顶形式，因此其屋架为平面楼板构造，并无衍生的屋架构造，平面楼板构架与普通的楼板构架相同，同为檩条架于横梁之上，与梁呈 90° 交错布置，两根横梁以檀条交叉，多出部分搭在另一根横梁之上，构成屋架的基本形式如图 8-26 所示。

(a) 屋架搭接实物图

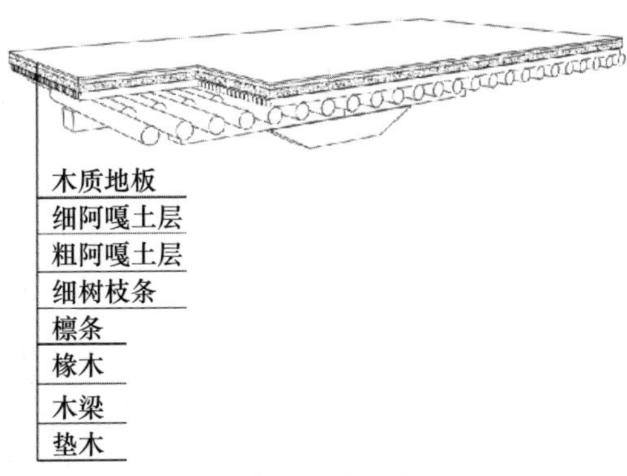

(b) 屋架搭接拆解

图 8-26　屋架构造方式图解

（2）楼面

楼板作为分层构件，其顶棚自然需要装饰，未加修饰的裸露结构层会影响建筑内部空间的整体观感，因此其最下层顶棚的装饰板（木质或其他材质）也是后期装饰增加上去的，第二层则是用于承重的木梁结构，第三层则是在木梁的上方交错穿插布置檀条，檀条之间互相交错，各自之间保持一根檀条的位置，以便与另一部分空间的檀条交错。檀条的上方再就用废弃木材以及小树枝进行找平，然后在缝隙之间铺上草木灰，用以填补木质构架中的缝隙，垫层部分是铺上磨细的阿嘎土加水夯实，平铺在草木灰层之上，能起到保温、防水等效果。细阿嘎土之上再根据楼层的功能选择装饰层，一般二层选择的是木质地板，而三层房间的楼板面除了经堂之外，其他房间仅仅作为储物之用，因此并没有太精致的装修，一般采用细阿嘎土平铺夯实即可。因此楼板面的构造除了表面的装饰层不同之外，其他的构造基本一致（表 8-3）。

表 8–3　楼板面形式构造

分类	实地照片	大样图（单位：mm）
二层楼板面		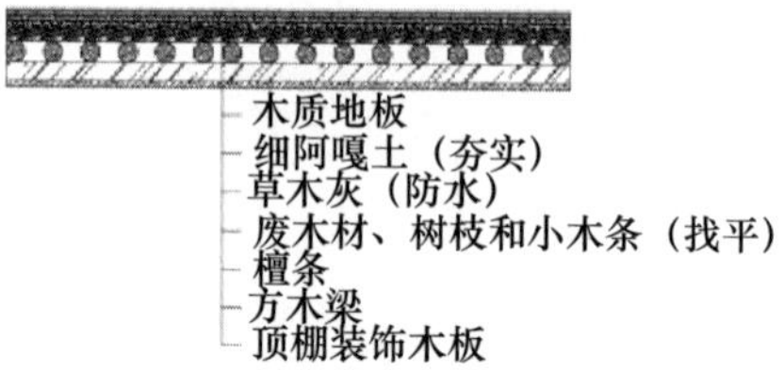 木质地板 细阿嘎土（夯实） 草木灰（防水） 废木材、树枝和小木条（找平） 檀条 方木梁 顶棚装饰木板
三层楼板面		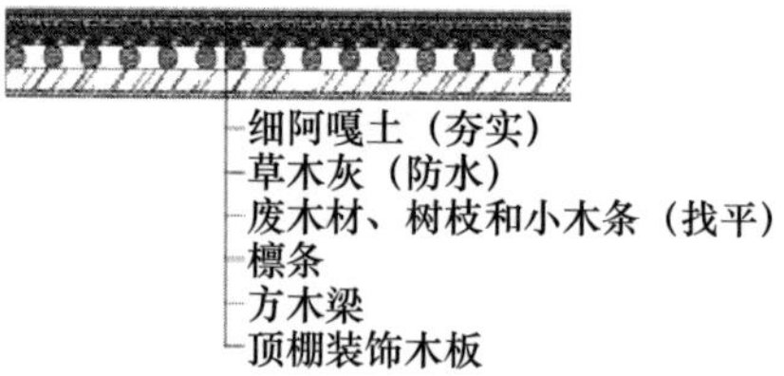 细阿嘎土（夯实） 草木灰（防水） 废木材、树枝和小木条（找平） 檩条 方木梁 顶棚装饰木板

（3）隔断板墙

由于内部空间的墙体不需要承受风雨的侵蚀，内部墙体主要起到的是分割空间的作用。内墙的构造做法主要使用了榫卯的工艺处理，外表面几乎看不出缝隙，整个墙身与梁枋融为一体。生活基本的管线也布置在梁枋之上，

同时部分藏民在装修时会在隔墙的墙身上刷上一层油漆以防止木材老化或采取其他的装修形式使墙面更加美观。但大部分的白藏房民居建筑受到经济条件的限制而选择保留原始的木质外表面。施工的步骤是，首先确定好需要设置隔墙的位置及柱间距后，沿着各个柱身的墙面走向部分设置一根与柱身等长的木条紧贴柱身，各柱柱身两面各自以横向的长木条相连，再以此横向木条向上延展逐步建立框架，在基本的框架形成之后，再以薄一些的木板填充各个框架的中间部分，最终形成正面严密闭合的木板隔墙。木板隔墙的构造图解如图 8-27 所示。

8.4 小木作设计与操作技艺

除了木质承重结构之外，白藏房的内部空间还充斥着其他各种精致的小木作，如隔断、门、窗、壁柜等构件。梁枋类大型构件由大木工匠加工后，交给细木工匠进行细部的加工处理、雕刻造型或纹样。一般大型的木构件不做雕刻，仅仅在梁枋上做部分曲面造型。而需要装饰的构件主要是经堂和客厅内的各类家具。主要包括门窗、壁柜、装饰隔断以及吊顶的装修。

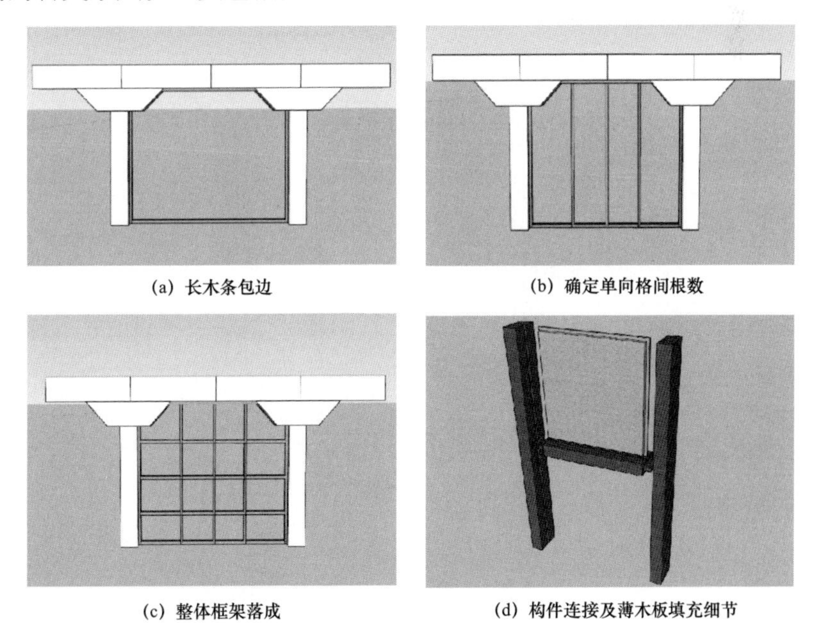

(a) 长木条包边　(b) 确定单向格间根数

(c) 整体框架落成　(d) 构件连接及薄木板填充细节

图 8-27　隔断板墙构造图解

8.4.1 门的营造

门的形式大多为拼板门，门扇因为材料的原因自重较大，用材较多，但构造简单，坚固耐用。普通民居的门制作简单，用在宫殿、寺院、官寨和庄园的门、门脸和门框都有较多的装饰。藏式传统建筑门的基本形式有单扇门、双扇门和多扇门（图 8-28 ～图 8-31）。

图 8-28　单扇门

图 8-29　双扇门

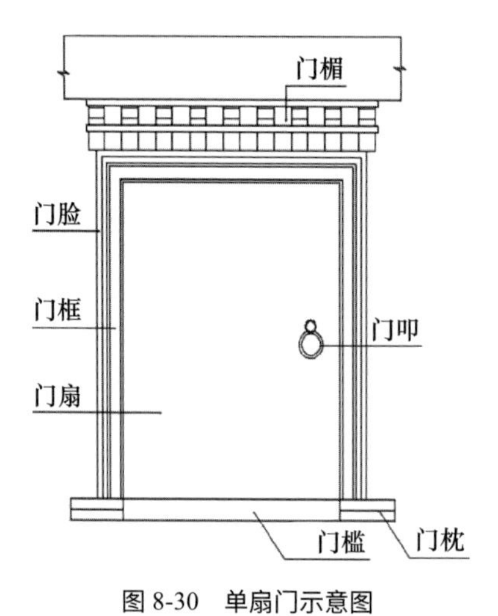

图 8-30　单扇门示意图

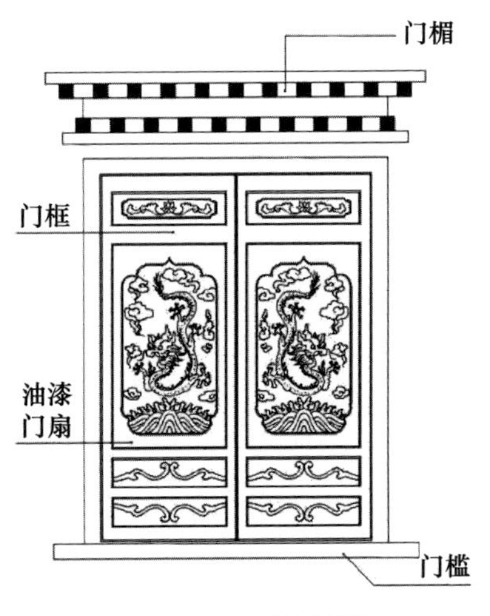

图 8-31 双扇门示意图

（1）门扇

传统建筑门扇的材料大多为木质拼板，形式以单扇和双扇为主，少部分为多扇，民居一般内外门均为单扇门，高度不大，门口仅超过 1.8 米；门扇宽约 0.6 ～ 0.8 米。宫殿、寺院多为双扇门、多扇门，单扇门为 0.8 ～ 1 米，少数在 1 米以上。

门扇一般由几块木板拼合而成，操作技艺为在门板后面加几根横向木条，再用铁钉由外向内将木板和横木固定。同时为了外形的美观，钉头会做特殊处理，于是门板上会留下整齐的钉头，称为“门钉”。

有时为了增强木板的横向联系，门扇正面会加铁皮，在铁皮上刻出镂空装饰纹或周边做装饰，被称为“看叶”。看叶的做法一般以美观为标准。

为方便门扇的开启或关闭，会在门上安装门叩环和门锁镣，置于门扇中央。门叩环称为铺首，通常为兽头兽面形状。门扇常年经受风吹、日晒、雨淋，易受损坏，因而大多涂上油漆保护。油漆的颜色以红色居多，也有黑色和黄色；有的门扇还印上花纹，有的门扇上会做唐卡，或刻上猛兽头像等。

（2）门框

门框有内门框和外门框之分。内门框有两根框柱，上面一根平枋组成一个框架来固定门扇。内门框宽度一般在 12 ～ 30 厘米之间，门框上大多有彩绘或雕刻图案，图案多为云彩，有的则为各种怪兽头像。外门框只由两根框柱构成，置于门洞内侧，起固定整个门的作用。外门框宽度通常较窄，有的门不做外门框。

（3）门枕

门枕是固定门下轴并使之转动和承受门扇质量的构件。常用门枕由一块较大的木头或石料制作，平置于门框柱下方，方向与门扇垂直。一半置于门框内，上方开一圆形轴孔，门下轴放在此轴孔中；另一半露在门框的外面。在门枕中间与门框相齐处开有一条凹槽，用来插放门槛。

（4）门槛

门槛是在门框下面紧贴地面的一条横木，其功能是挡住门扇底部以区别内外，人出入时需抬腿迈过。门槛的高度一般为 10 ～ 30 厘米。门槛也有石料制作的，更为坚固耐用。

（5）门脸

门脸由木料制成，位于门框之外，大部门脸长度为 6 ～ 15 厘米。门脸一般由两部分组成，内层靠近门框处做彩绘或雕刻莲花；外层雕刻堆砌的小方格，按照一定的规律排列，组成凹凸图案，称为“堆经”，也称松格、叠经(图 8-32)。

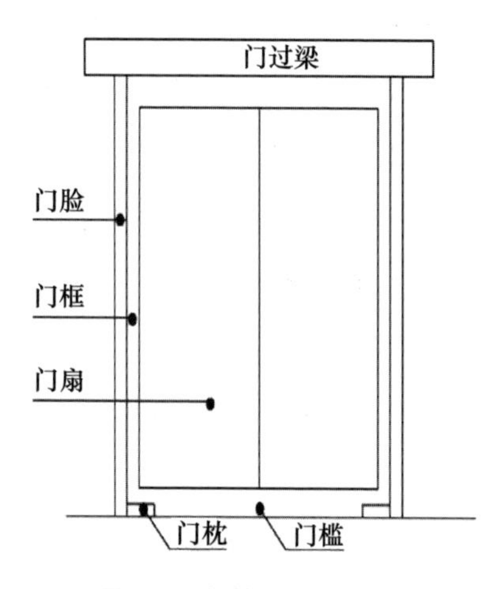

图 8-32　门枕与门槛示意图

（6）门斗拱

门斗拱一般用于院门或主体建筑大门，起装饰作用，通常内门和偏门不做。斗拱形如一个等腰三角形或斜三角形，分三部分：第一部分为最底层的托木，从墙上挑出，端头削成弧形；第二部分为支撑方木，分为三层，各层方木个数一般为 1 个、3 个、5 个或 7 个；第三部分为横木，有两块。第一层的方木比上面两层的大，置于底层托木之上，一、二、三层的方木用横木隔开。方木也有做两层的，第一层为 1 个，第二层为 3 个、5 个或 7 个，两层时横木则只用一块（图 8-33、图 8-34）。

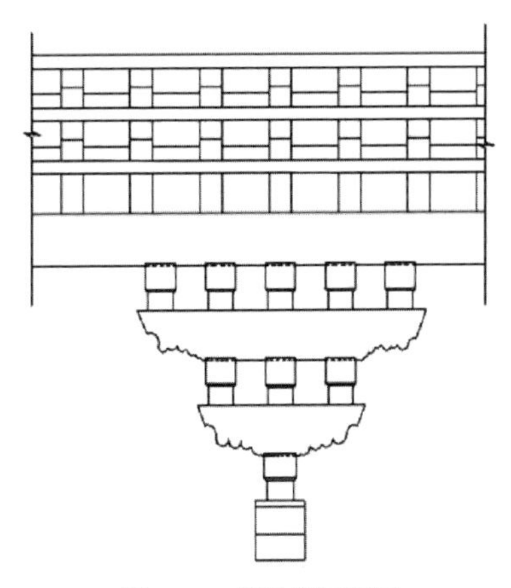

图 8-33　门斗拱正视图

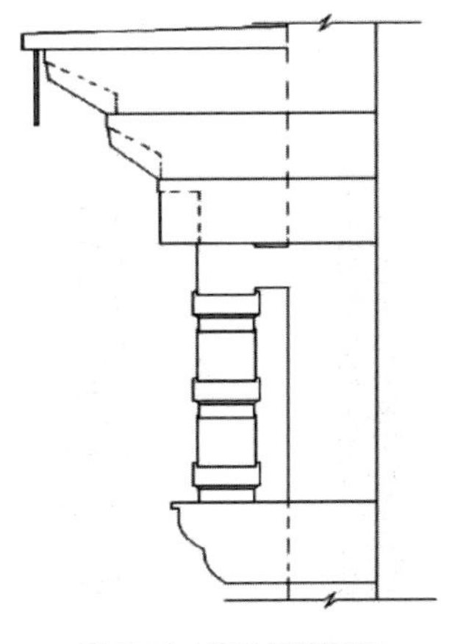

图 8-34　门斗拱侧视图

（7）门楣

门楣的作用相当于雨篷，主要是为了防止雨水对门及门上装饰的损坏，位置在门过梁的上方用两层或两层以上（也有用一层）的短椽层层挑出而成。短椽外挑一端自下而上地削成楔形，伸出于墙体之外，并略向上倾斜（俗称“飞木子”）。上层比下层多挑出一截，个数一般下层比门上短椽多两个，上一层又比下一层多两个，最上层的短椽一般围成三面环形，各层之间用木板隔开。最上层的木板之上一般再放一层片石，片石之上加一层黏土做成斜坡以利排水。门楣的长度一般与门过梁长度相同或稍长，通常在短椽和飞子木上刷油漆涂料或彩绘（图 8-35）。

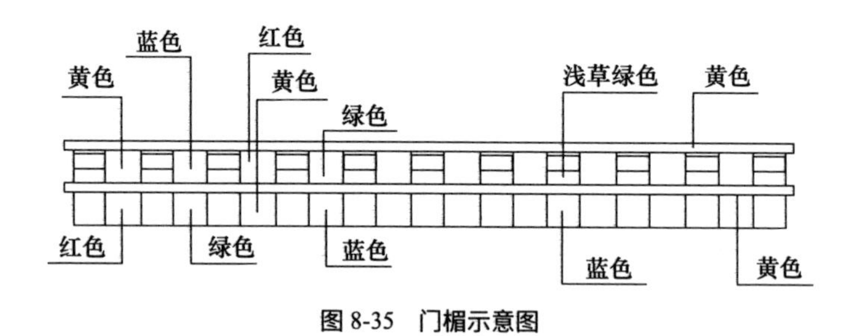

图 8-35　门楣示意图

（8）门套

门套位于门洞两边的墙上。门套的颜色一般用黑色，其形状一般为直角梯形，上小下大，上端伸至门过梁的下方，下端伸至墙角，有的则在梯形的斜边上部加一尖角，如同两只牛角。一般为刷漆（图 8-36、图 8-37）。

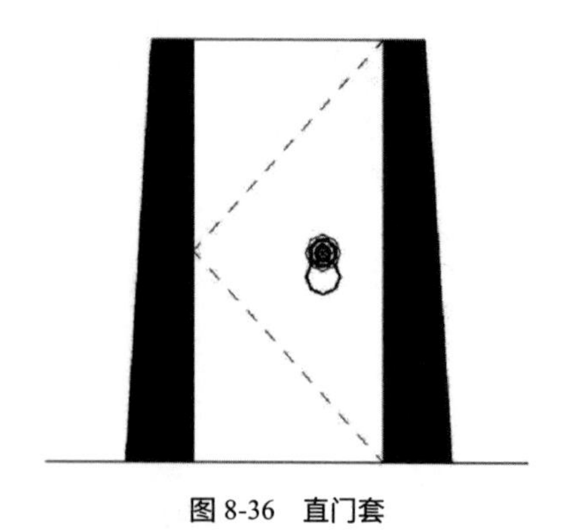

图 8-36　直门套

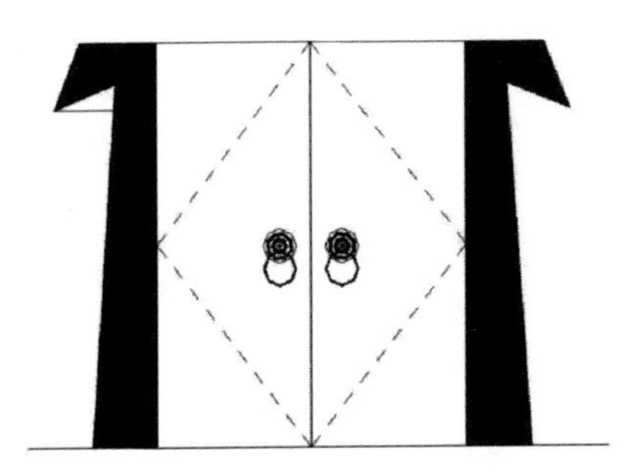

图 8-37 带角门套

（9）门头

门头主要用于进户门，起装饰作用。门头置于大门上方，做成阶梯形，通常为二到三阶，有的做到五阶。大门正上方最高，有的还在最高阶中央放一牛头骨，其下方镶有佛龛，供奉佛像。有的门头顶部做成圆弧等形状，部分门头为藏汉结合形式。

8.4.2 窗的营造

窗的洞口和门一样，一般较小，门洞尺寸低矮有多方面的原因，乡城县处于冬冷夏热地区，且冬天气候十分寒冷，较小的门洞有助于保温；房屋层高大多较低，因而门洞口不宜过大；古时候各部落、各地区之间经常发生纠纷，洞口较小有利于防御；洞口较小还有驱鬼辟邪等宗教方面的原因。

过去窗的做法是外有窗框、内有木板窗扇。若窗口宽度超过 0.8 米，则在窗框设中梃，开双扇窗。大宅楼房上层窗宽有超过 1 米的，甚至中间窗是通间开大窗，窗扇多是四扇、六扇、八扇。底层库房或牲畜房仅开小窗，宽度 10 余厘米，如一枪眼，仅装一两条竖窗候。过去在窗内悬布帘，现在由于人们生活水平的提高，域内民居多做玻璃窗，改善了室内的采光通风条件。门窗是预制的，施工时在墙体上留出门窗口，粉刷前再安装。过去安装是在门窗框下的左右，前后打进楔子，使上面框、口挤紧，下面用木楔、石块填紧缝隙，最后用泥抹出门窗口。

乡城县藏族门窗的最大特点是在门窗口外左右及下边涂黑色梯形门窗套，在门窗口上做小雨篷。在门窗口外涂梯形黑框，有的说是与宗教信仰有关，有的说黑色能吸热，能增加墙体温度，进而能提高室温等，因此用一条宽仅约 0.3 米的黑色边框吸热。但窗口外加黑色的边框及上面的雨篷，远看确有增加窗户面积的视觉效果，对建筑外墙、窗面积的比例及门窗外形有影响，是属建筑外观的艺术性问题，是藏族的审美习惯问题，这正是藏族门窗的特点。有的地区在建筑的搬口及门窗口外涂白色横带和边框，目的也是突出椽口和门窗的视觉效果。民居外墙多不开窗，或在二层以上开小窗。

窗的构成元素包括：窗框、窗扇、窗楣、窗套、窗台等。

（1）窗框

窗框是用来安装和固定窗扇的，其形状为矩形。窗框宽度一般为 5 ～ 10 厘米。同时会刷漆保护，使窗框更加耐用。在白藏房的施工过程中，一般窗框是预制好后，放入墙体中，随后墙体继续砌筑（图 8-38）。

(a) 预制的门

(b) 预制的窗

图 8-38　预制的门窗

（2）窗扇

窗扇是窗的通风采光部分，需开启、关闭或固定。窗扇安装在窗框内，每个窗扇四周用木条固定，内装木板。窗扇有可移动和固定两种形式，窗格的形式多种多样（图 8-39）。

（3）窗楣

窗楣的作用是防止雨水对窗及窗上装饰的损坏，一般做成短椽形式，同时其本身也起到装饰的作用。窗楣位置在窗过梁的上方和下方，过梁下方的短椽一般做一层，个数一般为单数，以 5 个、7 个居多，均匀分布于窗框之上，从窗框上挑出而不伸出墙面，端部削成弧形（俗称为“猴脸飞木子”），再涂上油漆，或在弧形面上绘制图案。短椽尺寸没有统一标准，视窗的尺寸而定。

过梁上方的短椽一般做两层或两层以上，长方体木条制作，层层挑出。

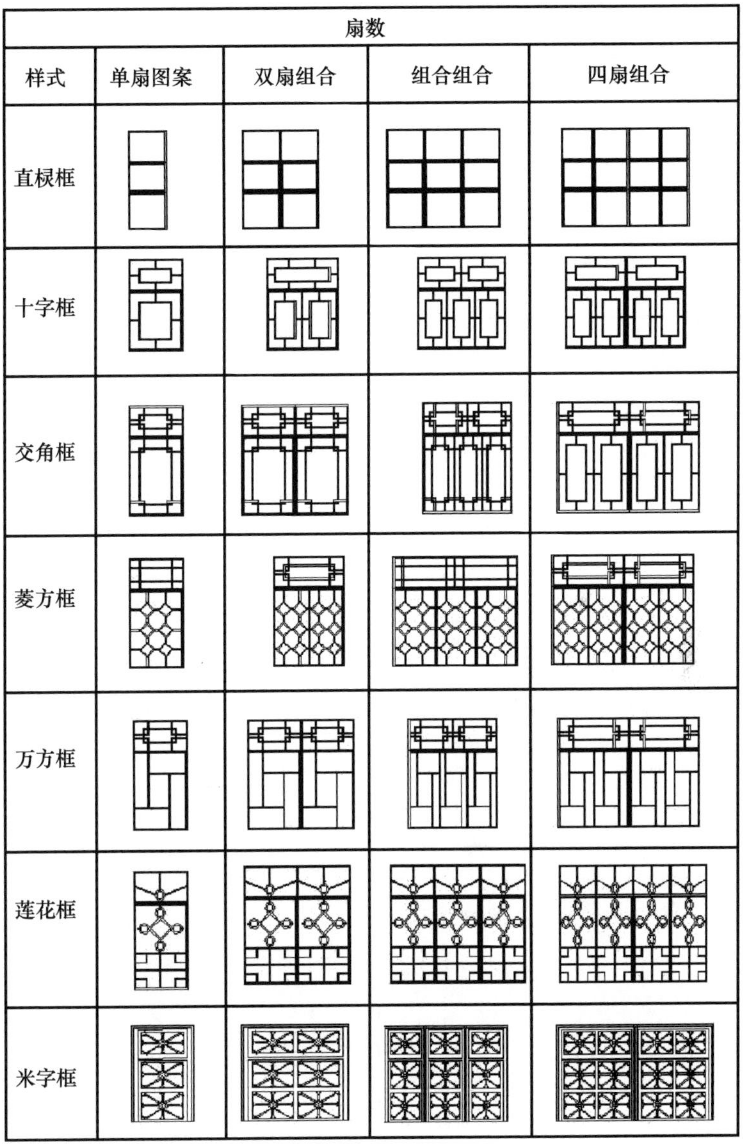

扇数				
样式	单扇图案	双扇组合	组合组合	四扇组合
直棂框				
十字框				
交角框				
菱方框				
万方框				
莲花框				
米字框				

图 8-39　窗扇的形式

短椽外挑一端自下而上地削成楔形，伸出墙体之外，并略向上倾斜（俗称为飞木子）。上层短椽比下层多挑出一截，个数一般上层比下层多两个，最上层的短椽一般围成三面环形，各层之间用木板隔开，最上层的木板之上一般再放上一层片石，片石之上加黏土做成斜坡以利于排水。窗楣的长度一般与窗过梁长度相同或稍长，且飞木子上也刷油漆涂料或彩绘图（图 8-40 ～图 8-42）。

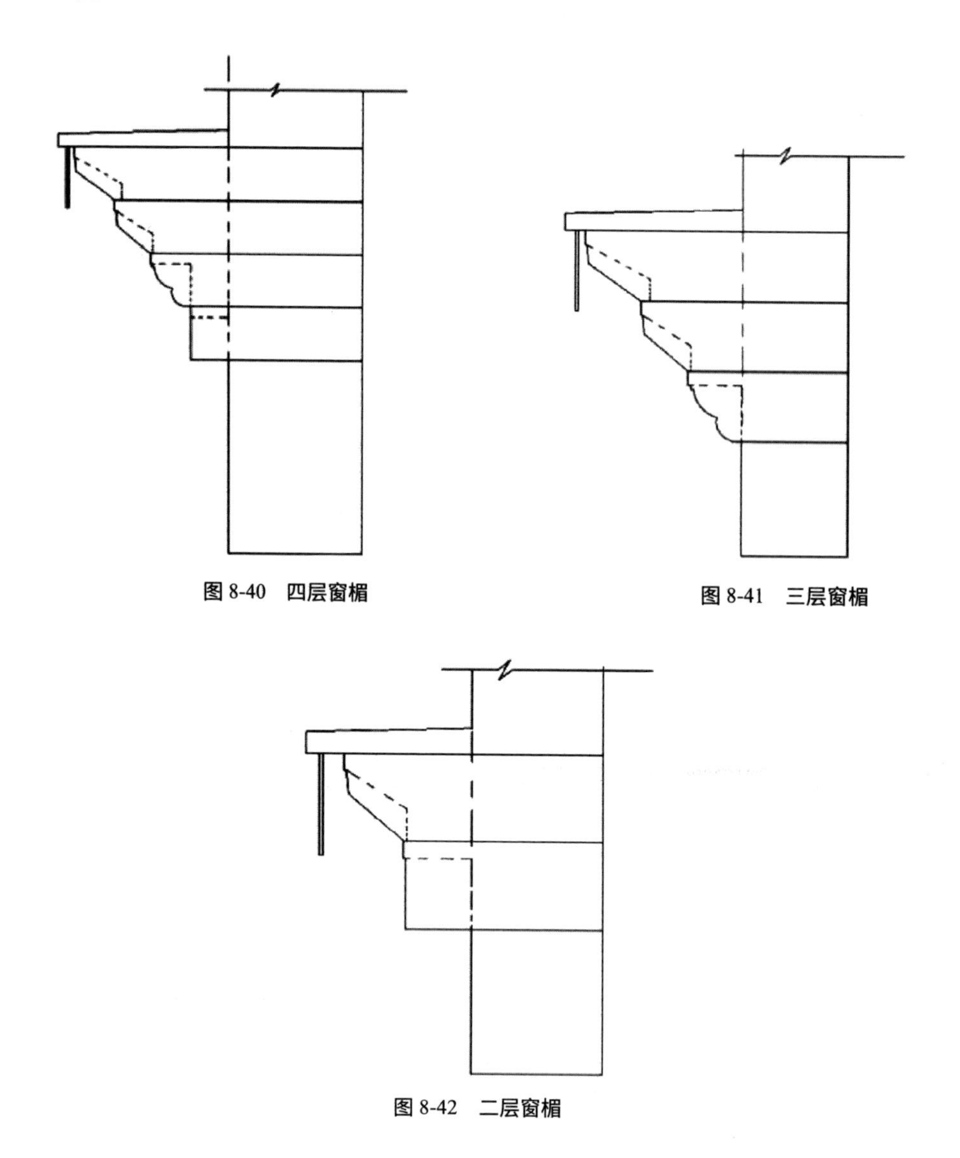

图 8-40　四层窗楣

图 8-41　三层窗楣

图 8-42　二层窗楣

（4）窗套

窗套位于窗洞左边、右边和底边的墙上，形成一个U字形。其形状主要有牛脸和牛角两种形式，颜色一般为黑色，也有白色，亦称梯形窗套。

（5）窗台

窗台在藏族传统建筑中较为简单，只有很少部分在窗框下做重椽，一般做二重椽，也没有统一的标准。

8.4.3 壁柜的营造

白藏房建筑内部属于木质室内空间，室内用来储存东西的衣柜以及客厅摆设都不是独立的家具。藏族人通过墙上的壁柜来实现储物以及陈设摆放。而藏族独特的审美观念也使得室内的壁柜样式独具一格。壁柜按照其基本的使用功能可以划分为两种，一种是为展示陈列物品所制作的陈设壁柜，如客厅壁柜、厨房壁柜，以及经堂用于供奉神明的壁柜。这种壁柜的形式往往精美绚丽，装饰程度高，雕刻着精美的花纹和瑞兽图案，同时也是室内空间中最富藏族特色气息的一种视觉表现方式。另一种则是普通房间内为了满足衣服行李摆放而打制的普通壁柜。这种壁柜的形式较为朴素，仅以格间大小来划分空间。陈设壁柜的工艺相对复杂和精细。富有经验的木匠先对墙壁的尺寸进行测量，然后根据墙体的尺寸设计壁柜的格数及尺寸并手绘出大样图，最后根据大样图设置的尺寸对木材进行加工和雕刻。过程示意如图 8-43 所示。

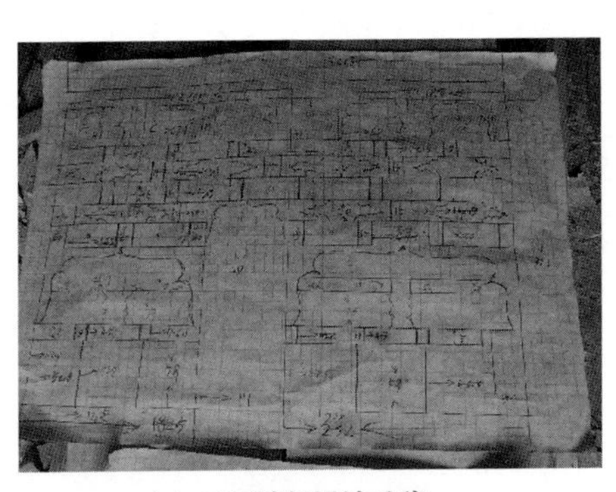

(a) 工匠壁柜设计手稿

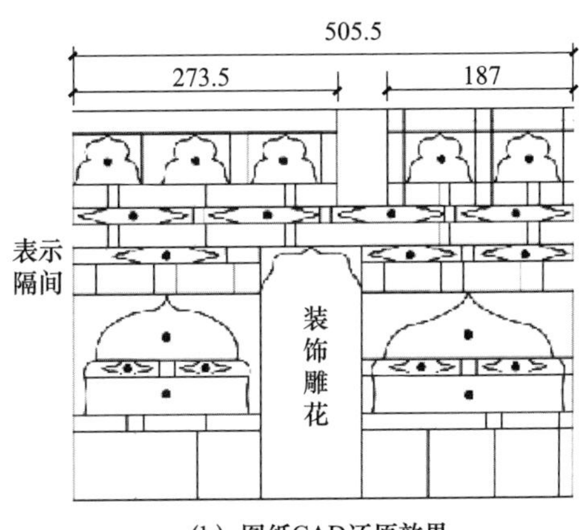

(b) 图纸CAD还原效果

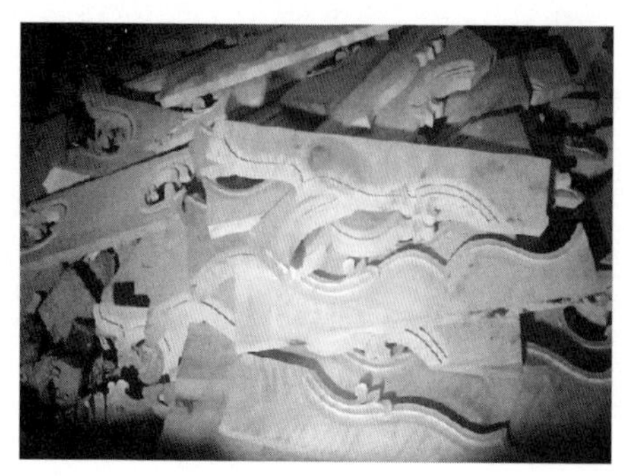

（c）细部加工与雕琢

（d）最终效果实拍

图 8-43　装饰壁柜流程示意图

8.4.4　吊顶的营造

白藏房民居建筑中，对于天花板的处理方式各有不同。部分家庭由于经济条件的限制，对于部分房间内的天花板的处理采取裸露的方式。例如顶楼的储物间或者屋顶廊檐堆放粮食的房间。但对于建筑内部使用相对频繁的房间，例如客厅、卧室以及经堂等，都做了吊顶装修处理。吊顶可用于遮挡结构构件、美化室内环境、提高屋顶的保温隔热能力以及调整室内高度等作用，在建筑中必不可少。

吊顶一般由龙骨与面层两部分组成，龙骨又可以分为主龙骨和次龙骨，主龙骨为吊顶的主要承重结构，一般通过吊筋直接与结构相连接。其间距根据吊顶的质量或材质来决定。次龙骨则用于固定面板，其间距一般根据材料规格而定，一般距离为 300 ～ 500mm；有些刚度较大不易变形的面层，次龙骨间距可扩大至 600mm。面层又分为抹灰面层与板材面层两大类。其中抹灰面层为作业施工，费时费力。因此白藏房民居中的吊顶往往采用板材面层，既可以加快施工速度，又容易保证施工质量。而板材又分为植物板材、矿物板材以及金属板材等，白藏房民居建筑中，木质板材占大多数，植物板材因其取材方便，所以在白藏房建筑中较为常见（图 8-44）。

(a) 实木板材吊顶

(b) 现代复合板材吊顶

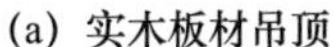

图 8-44　白藏房中常用面层板材

吊顶的构造做法又可分为两种，一种为木基层吊顶做法，另一种为金属基层吊顶做法。白藏房往往采用的是木基层吊顶做法，一方面是因为木材资源比较丰富，就地取材较为方便，另一方面是相较于钢材，木材价格便宜，且可塑性较好，方便做弧形、圆形等特殊造型。

白藏房的构造做法如下：首先以方木条作为吊筋将主龙骨固定在结构之上，主龙骨的尺寸在 50mm × 70mm ～ 70mm × 100mm 之间，依据房屋的面积大小适当选取尺寸。一般采用钢钉将主龙骨与梁枋进行固定，确定好主龙骨后，再添加 50mm × 50mm 的次龙骨找平和固定。采用方木吊筋是为了便于调节次龙骨的悬吊高度，以便于使次龙骨在同一水平面上，继而保证吊顶面的水平。构造如图 8-45 所示。

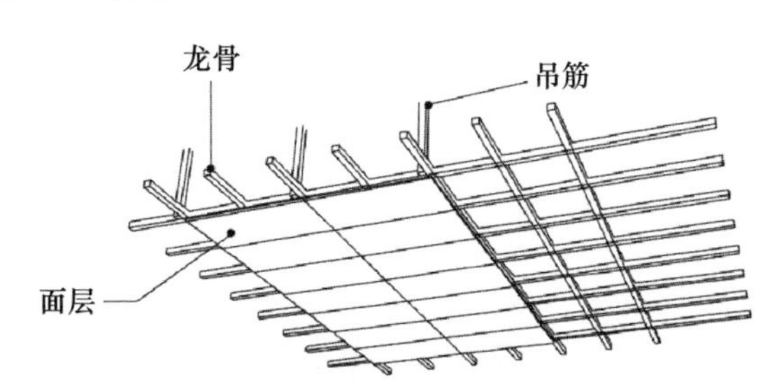

图 8-45　白藏房木基层吊顶构成示意图

8.4.5　经堂装饰木作的营造

在制造小木作过程中，工艺最为复杂繁琐的就属经堂内部的装饰构件。用于经堂的小木作构件主要包括：木制壁柜、木制装饰柱以及用于分隔的外饰木制浮雕隔板（图 8-46）。

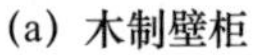
(a) 木制壁柜

(b) 木制装饰柱

(c) 木制浮雕隔板

图 8-46　用于经堂的小木作

这些细致精美的装饰构件并未有实际参考图纸，都是由当地的木匠师傅凭多年经验亲手雕刻而出，虽然只是经堂的装饰构件，但陈列在现场时，仿佛一件件艺术品。浮在木头上的动物还未上色就栩栩如生了。

木头上所雕刻的图案来源于藏族的自然崇拜观及其所信奉的宗教符号。主要以动植物为主，比如来源于莲花生像中的莲花，以及来源于藏族“八宝”中的宝瓶，以及一些传说中的奇珍异兽——龙、麒麟和凤凰等（如图 8-47）。雕刻的内容主要以珍兽为主基调，与古代汉族大门口的石狮有类似的作用，有驱灾辟邪、保佑住所平安稳定的寓意。

(a) 凤柱

(b) 麒麟雕物

(c) 龙柱

(d) 隔板装饰浮雕

图 8-47 浮雕装饰图案

在对装饰件雕刻完成后，会静置一段时间。并用砂纸对木雕表面进行打磨，去除木屑和毛刺，使其更加细腻光滑。这样的做法也是为了避免后期进行漆面涂刷的时候，出现上漆面色泽不均匀的情况。经过上面的步骤之后，就开始对木雕进行着色处理，各家的装饰风格不同，色彩的搭配也不一样。有以金黄色调为主的，也有以红绿色调为主的（图 8-48）。

(a) 金黄风格

(b) 红绿风格

图 8-48 不同色彩风格

装饰件之间的连接方式，同样采用木制构件拼装的常见工艺——榫卯工艺。在初期选择主板材料时，就对物件连接部分进行了处理，预留了接口，使各个木制构件之间组装起来能够严丝合缝。这种处理手法与房屋主要梁体与柱子之间的拼接原理类似。尽量减少使用铁钉，这种对木制作物品细节的处理方式可以使装饰效果更佳。

8.5 本章小结

本章对白藏房的结构进行了分析与介绍，用科学的建筑结构体系揭示了白藏房民居建筑的构造体系，详细地介绍了结构的基本组件，另外从材料方面入手，分析了白藏房构造的优缺点，以及尺度大小方面与其他建筑的不同，还有白藏房民居建筑在构造上所运用的一些装饰手法和细节处理。这些技艺都展示出白藏房构造“粗中有细”的营造品质。这些细节的处理也是值得我们在建筑设计中学习的。

9　白藏房民居的更新与传承研究

经过前面对乡城白藏房民居的一系列的解析，我们对白藏房的认知有了一定程度的提升。探索神秘的乡城白藏房，现有的资料是远远不够的。建筑是一种不断发展的独立个体，拥有不断自我更新、蓬勃发展的生命力。我们所了解的现有资料也只是记录了这种建筑形式变迁过程中的一个阶段。乡城的城市建设正在经历着前所未有的变化，许多新建筑拔地而起，传统的建筑也在慢慢地开始进行自我功能的革新，不然很有可能面临着被时代抛弃的危险。白藏房作为当地的乡土建筑，承载着乡城人民的精神寄托，也是历史文化的载体，能够勾起人们对过去的回忆，激发人们的乡愁情感。为此我们所能做的，就是立足当下，思考白藏房的发展，以便引导白藏房民居建设向一个良性的方向发展，让这份珍贵的传统文化在这个快速发展的时代中能够留存下来。

9.1　白藏房民居的现代演绎

乡城白藏房民居现在仍旧是大多数藏民们的主要民居形式，但是在实地的考察中我们发现，有部分白藏房民居的内部结构已经不再“原汁原味”，为了结构的稳定性，藏民已经对原有的房屋结构进行了一些改造。还有一些白藏房甚至已经舍弃了原有的材料以及营造的技术，转而在白藏房的建设过程中改用现代的新型材料，建筑的形态也在慢慢地发生变化。这也是白藏房演绎发展的一种体现。这些新建的白藏房民居建筑和传统的白藏房民居建筑错落地布置在乡城县城以及香巴拉镇的城区之中。虽然现有的新建白藏房民居仅仅是围绕着县城布置，并没有蔓延到乡城县的各个村落，但随着城镇化进程的加速，以及城镇文化以及城市景观的发展，这些建筑形式以及工艺会慢慢辐射到县辖区域内的各个村庄。

如图 9-1 所示，一些位于街道旁的白藏房民居建筑经过改造后已经完全变成了现代的结构体系，虽然立面上还似乎留存着白藏房的部分特征，但是其他的各个方面已经发生了翻天覆地的变化。一楼的功能直接演变成了商业功能，传统的大门形式也消失不见了，为了防盗，门的材料也由木制更换为金属，门头上方还设置了商店招牌。墙体的收分也发生了巨大变化，大门整体向后退让，形成了屋檐，但大门的上方还保持着基本的红白交错的分段形式。仅从外立面就可以基本判断出这栋白藏房的结构变化，外立面的窗套依旧保留着原有形式，但窗户却替换成了常规的铝合金窗，与华丽的窗套搭配并不自然，窗套的周围按照传统形式涂上黑色牛角状涂料。

图 9-1　改造后用于营业的新式白藏房

建筑的整体形态虽然与传统白藏房相去甚远，但这栋新建白藏房的整体颜色基调还是遵从传统白藏房的配色。这种采用了现代材料结构的新型白藏房建筑，是乡城白藏房建筑在尝试与现代社会功能需求相结合过程中的产物，是传统民居建筑根据功能演化而进行的探索。

传统的白藏房属于乡城建筑文化的一种标志，而新建的白藏房民居也是乡土文化的一部分。这些新式白藏房的产生也并不仅仅是因为功能需求的变化，而是由于现代建筑文化的传播给传统的白藏房民居构架提供了一些新的选择。而这些也在慢慢地给乡城的城市风貌带来影响，也给白藏房民居带来不少改变。

县城内的白藏房民居也在慢慢地发生着变化，一些新式的民居也悄然出现，如图 9-2 所示。在图中我们可以看到，新建的白藏房民居主要为砖混结构和框架结构，主体的结构形式较为新颖，墙体也为方正的形式，并没有收分，与传统的白藏房墙体倾斜收分形式有明显的区别。大多数的建筑外观采取了现代的藏式风格进行装饰，延续了部分白藏房的风格，但是在外观装饰用料上与传统的白藏房有着不同，新式白藏房采用的多为现代涂料，甚至部分贴上瓷砖，以防止外墙面脱落。

(a) 施工中的新型白藏房

(b) 新式白藏房样式一

(c) 新式白藏房样式二

图 9-2　乡城县城内的新型白藏房民居

大门采用现代的金属门，窗套上的窗沿保留，但不再是由复杂的木质工艺制成，而仅仅是在突出的建筑体块染上用颜色做出来的装饰，窗户采用的铝合金简易玻璃窗，不再是由几何图案和精致花纹制成的木质窗框，并且失去了华丽的窗框后，每一个窗户的形式基本一致，再无法轻易辨别出经堂的位置。

传统工艺特色的窗框、门装饰图案的消失等都是由于受到了现代化工业生产的影响，另外建筑的细部也都进行了简化处理，且盲目地追求建筑面积，失去了白藏房亲和稳重的感觉。从视觉效果上来看，新建的白藏房民居正在过分追求现代建筑的美感，而对于一些本应保留的乡土传统建筑文化正在慢慢摒弃。虽然白藏房向现代化进化的过程中需要大胆的尝试，难免会产生出一些错误的发展思路和方向，但乡城的传统建筑文化以及一些精巧的工艺应当保留。这些新式白藏房建筑的产生正是白藏房民居建筑在现代化舞台中演绎出的成果，没有好坏对错之分，只是我们应该秉持一种“取其精华，去其糟粕”的原则来进行设计与探索。

9.2 白藏房民居的演变趋势

建筑的发展过程是多元化的，充满着各种不确定性因素，并没有哪类建筑类型有着精准明确的演变方向。尤其是在这个信息化时代，各种文化的冲击及多种因素交织在一起，从各个方面影响着建筑的发展进程。而我们所了解到的白藏房民居也在当代社会环境下逐渐表现出另一种多样性，即从传统向现代演进过程中所表现出来的建造方式的变化，以及由此带来的多样化建筑风貌。因此我们只能根据现存的传统白藏房民居与新式的白藏房民居进行简要的对比，继而推测出白藏房民居建筑的大概演变趋势，并提出自己的看法和意见，为促进乡城白藏房的特色民居建筑向良性方向发展提供思路，同时也为后期白藏房民居建筑设计提供一些参考资料。新式白藏房民居相较于传统白藏房民居的改变主要体现在结构、材料、立面塑造等几个方面的变化上。

最大的改变就是结构方面。传统白藏房采用的是木架构承重的结构，而新式白藏房使用的则是框架结构，这两种结构各自拥有自己的优点。传统白藏房运用就地取材的原则，内部全木的构架体系可以给人一种自然的空间感觉，雕刻工艺在木质空间内得到了很好的发挥；除此之外木质内部架构拥有更好的抗震性能。但这种结构的弊端则是木架构所带来的大量室内柱子破坏了内部空间的完整性。新式白藏房采用的框架结构则可以很好地解决室内空间连续性的问题，并且框架结构的可塑性较强，能够承受大跨度的空间结构，但是由于框架结构所使用的材料为混凝土、钢筋等材料，抗震性能方面稍逊色于白藏房的木架构。

其次的改变在材料方面。白藏房主要采用的是本地的土木材料，在取材上有可持续利用其价值的一方面，也有对生态资源造成破坏的一方面。可持续性的价值主要在于其就地取材的方便，以及经济性。但是从另一方面来说，白藏房的建设过程中使用了大量的木材，这是限制其后期发展的一个重要因素，材料的运用应建立在不破坏自然生态环境的基础之上。并且大量地使用黏土也不利于土地资源以及耕地保护。而新型白藏房民居建筑主要使用钢筋混凝土再结合现代的工艺，可以根据需要设计成各种形状和尺寸的结构和构件，同时也是目前世界上最主流的材料之一。但在高原地区之上，由于高原气候的影响，昼夜温差巨大，即便是采用高于内地一个强度等级的混凝土，也难以抵御温差对材料的破坏，同时在保暖性方面，混凝土也不如夯实的阿嘎土，而且运输成本较高（图 9-3）。

(a) 传统白藏房木材加工现场

(b) 新型白藏房现浇混凝土现场

图 9-3　新型与传统白藏房材料对比

第三个变化较大的就是立面塑造方面，传统的白藏房在外立面装饰方面采用的三段式外立面塑造再加上墙面的收分给予白藏房厚实稳重的形象。特色的门窗样式镶嵌在白色的墙体上营造出良好的视觉效果，细腻的手工窗套也给白藏房增加了不少神秘的色彩。而新式的白藏房在立面塑造上简化了太多元素，仅仅沿用了白藏房的色彩基调，保持了白色和红色的搭配，墙体没有了收分，垂直的结构使得白藏房缺少了那种厚实稳重的感觉，另外铝合金的透明窗户与色彩鲜艳的窗沿直接搭配，缺少了窗框的过渡，十分不协调。虽然取消掉窗框可以增加建筑的采光性能，但没有了窗框的遮挡，从外立面观感上，新式白藏房民居建筑能直接透过窗户看到室内，失去了传统白藏房的那种神秘感。新型与传统白藏房民居外立面塑造对比如图 9-4 所示。

(a) 传统白藏房民居外立面

(b) 新型白藏房民居外立面

图 9-4　新老白藏房立面塑造对比

当然，新型白藏房民居发生改变的地方还有很多，这里只是挑选出了新型白藏房民居建筑中改造效果中相对较好的一些典型作为对比，另外还存在许多别的样式的新型白藏房民居改造，且改造的尺度更大，已经丧失了白藏房民居的基本特征，此类建筑改造的参考意义不大，因此不再提及。白藏房的演化过程中，还有许多并未提及的变化部分，例如受到土地价值因素的影响，白藏房建筑的院落空间布局变小；由于结构的变化，一些门窗的传统工艺做法也逐渐被抛弃；防水卷材的普及使得屋顶的平面发生改变；新型的结构使得白藏房可以开玻璃天井来增加采光和通风等。

经过上述对新型白藏房民居与传统的白藏房民居进行对比，我们可以看出新型白藏房营造在探索的过程中的许多优点，当然也有很多不足。同时我们也可以根据这些优缺点来预判出一些白藏房的发展趋势。

结构方面，使用框架结构能够很好地解决白藏房在内部空间的完整性问题，另外在森林覆盖率逐年下降的趋势下，减少木材的使用也是我们需要考虑的因素。当然也不是绝对禁止使用，应分期并且合理地开采资源，并把新型的混凝土材料和阿嘎土结合起来，内部采用框架结构的同时，外部采用夯实的阿嘎土墙面进行收分处理，另外合理地使用木材，保留传统的木制工艺，尽可能在立面塑造上还原门窗的构造，对于白藏房的文化保存具有重要的意义。

功能方面，随着现代社会的信息化，以及旅游业的发展，不少民居的功能需求已经发生变化。由于白藏房的建筑面积较为宽裕，不少藏民将自家的民居改造为民宿，另外一些靠近交通干道的白藏房民居则直接将一楼改造为商铺。这是时代进步的一种体现，也是建筑功能发展的必然趋势。

室内装修方面，由于结构功能的改变以及信息设备的普及，各种文化信息的传播在不断地影响着藏民的审美观念，在调研中我们发现很多传统白藏房建筑中出现许多现代的装饰和装修痕迹。再加之结构的改变使得室内的空间布局发生了变化，原有基础上的木质装饰风格必然会受到现代装饰艺术的冲击。

9.3 本章小结

以上是对白藏房民居建筑发展进行简要分析后所预测的演化趋势，关于白藏房的介绍在此告一段落，但关于白藏房的研究还有许多值得深入的地方，由于资料上的不足，暂时还没有对其研究到足够的深度，对于白藏房的营造工序这方面的探讨不够完善，有待进一步地深入分析和思考。希望读者能够通过本书了解到乡城白藏房的魅力以及少数民族建筑所蕴含的智慧，同时也希望能够吸引更多的人来关注乡土文化建筑、地域文化的保护问题。

参考文献

[1]彭一刚 . 建筑空间组合论 [M]. 北京：中国建筑工业出版社，1998.
[2]郭黛姮，高亦兰，夏路 . 一代宗师梁思成 [M]. 北京：中国建筑工业出版社，2006.
[3]刘蕊 . 乡土景观视角下的香巴拉镇规划设计探索 [D]. 西安：西安建筑科技大学，2017.6.
[4]韩东升 . 内地化进程中甘孜州城镇传统建筑类型研究 [D]. 成都：西南交通大学，2015.5.
[5]何泉 . 藏族民居建筑文化研究 [D]. 西安：西安建筑科技大学，2009.5.
[6]陈林 . 藏族民居装饰元素在客栈室内设计中的运用 [D]. 昆明：昆明理工大学，2015.9.
[7]李翔宇 . 川藏茶马古道沿线聚落与藏族住宅研究——四川藏区 [D]. 重庆：重庆大学，2015.5.
[8]盛亮 . 迪庆香格里拉地区藏族民居中的檐梁柱装饰艺术研究 [D]. 昆明：昆明理工大学，2012.5.
[9]毛颖 . 甘孜藏族民居艺术特点探析 [D]. 成都：四川大学，2005.1.
[10]刘长存 . 甘孜州东南部藏族民居形态研究 [D]. 成都：西南交通大学，2005.11.

[11]刘娇艳 . 清嘉庆二十五年至二十世纪末四川藏区的政区变迁 [D]. 昆明：云南大学，2011.5.

[12]赵莹 . 云南聚落的生长与发展研究初探 [D]. 重庆：重庆大学，2004.4.

[13]郝晓宇 . 宗教文化影响下的乡城藏族聚落与民居建筑研究 [D]. 西安：西安建筑科技大学，2013.5.

[14]刘杰 . 城市郊区村落空间形态分析：以郑州市为例 [D]. 郑州：河南农业大学，2010.6.

[15]王博医 . 西藏民族文化历史溯源：基于藏传佛教信仰的分析 [J]. 漯河职业技术学院学报，2019（1）.

[16]王相伟 . 川藏边茶马贸易的历史作用及影响 [J]. 赤峰学院学报，2016（4）.

[17]任敏 . 雅安市作为川藏茶马古道起点的历史地位及现实意义研究 [J]. 河南农业，2019（1）.

[18]成斌，吴霞 . 藏式白碉房民居的建筑立面装饰构造研究 [J]. 城市建筑，2020（4）.

[19]施东颖 . 藏传佛教的民间化发展历程特点及其转换 [J]. 宗教与民族（第十辑），2016（6）.

[20]丛昕，郭敏 . 传统村落景观意象营造中空间形态的解析 [J]. 南京艺术学院学报，2018（5）.

[21]范霄鹏，郑一军 . 村庄整合建设的两类依托：社会结构与资源利用方式 [J]. 南方建筑，2018（5）.

[22]李巍，权金宗 . 河谷型藏族村落空间特征及生成机制研究：以大夏河沿岸村落为例 [J]. 现代城市研究，2019（2）.

[23]毛刚 . 基于场所精神传承的香巴拉镇城镇设计 [J]. 城市建筑，2018（8）.

[24]郑有旭 . 江汉平原乡村聚落形态类型及空间结构特征研究 [D]. 武汉：华中科技大学，2019.5.

[25]梁智尧，纪金皓 . 试析人的基本需要对传统聚落风水选址的影响 [J]. 安徽建筑，2008.11

[26]张燕 . 四川阿坝州色尔古藏寨传统聚落与民居建筑研究 [D]. 西安：西安建筑科技大学，2016.6.
[27]李忠东 . 天下四川香格里拉之美绝色甘孜 [J]. 天下四川，2018（8）.
[28]骆南 . 西昌市安宁镇乡村聚落空间形态演变研究 [D]. 成都：成都理工大学，2018.6.
[29]刘晓星 . 中国传统聚落形态的有机演进途径及其启示 [J]. 城市规划学刊，2007（3）.
[30]曹勇，麦贤敏 . 丹巴地区藏族民居建造方式的演变与民族性表达 [J]. 建筑学报，2015（4）.
[31]蔡光洁 . 甘孜州乡城传统藏式民居的艺术特点 [J]. 艺术探索，2010（8）.
[32]田凯 . 四川藏区民居研究历程述论 [J]. 中国名城，2019（3）.
[33]李先逵 . 四川藏族民居地域特色探源 [J]. 建筑，2016（10）.
[34]谭洪亮 . 中国古建筑木构架规制 [J]. 建筑工人，1996（6）.
[35]姚於 .“康巴江南”乡城尼斯古碉群与离天最近的村庄 [J]. 环球人文地理，2011（7）.
[36]成斌 . 凉山彝族民居 [M]. 北京：中国建材工业出版社，2017.
[37]林静 . 浅析藏族建筑造型形制 [J]. 大家，2009（10）.
[38]吕荔 . 传统藏式家具审美特征及成因研究 [J]. 民族学刊，2018（7）.
[39]叶启燊 . 四川藏族住宅 [M]. 北京：中国建筑工业出版社，1989.
[40]彭一刚 . 传统村镇聚落景观分析 [M]. 北京：中国建筑工业出版社，1992.
[41]戴志中，杨宇振 . 中国西南地域建筑文化 [M]. 武汉：湖北教育出版社，2003.
[42]陈志华 . 乡土建筑研究提纲：以聚落研究为例 [J]. 建筑师，1998（4）.
[43]刘星，李亚光 . 中国传统民居建筑形式要素研究 [J]. 山西建筑，2007.
[44]陆元鼎 . 从传统民居建筑形成的规律探索民居研究的方法 [J]. 建筑师，2005（6）.
[45][美] 凯文 · 林奇 . 城市意象 [M]. 北京：中国建筑工业出版社，2001.

[46] 侯幼彬 . 中国建筑美学 [M]. 哈尔滨：黑龙江科学技术出版社，1997.
[47] 刘敦桢 . 中国住宅概说 [M]. 天津：天津百花文艺出版社，2003.
[48] 四川省乡城县县志编纂委员会 . 乡城县志 [M]. 成都：成都出版社，1996.
[49] 洼西彭错 . 巴金文学院签约作家书系：乡城 [M]. 成都：四川文艺出版社，2012.
[50] 覃涵 . 甘孜南部藏族民居建筑空间特征研究 [D]. 成都：四川大学，2017，6.
[51] 余杨 . 乡城县藏式白碉房空间与形态的更新设计研究 [D]. 绵阳：西南科技大学，2021.

附图

1　白藏房聚落

附图 1　白藏房聚落与村庄（1）

附图 2　白藏房聚落与村庄（2）

附图 3　白藏房聚落与村庄（3）

附图 4　白藏房聚落与村庄（4）

附图 5　白藏房聚落与村庄（5）

2 白藏房民居单体

附图 6 民居建筑单体（1）

附图 7 民居建筑单体（2）

附图 8　民居建筑单体（3）

附图 9　民居建筑单体（4）

附图 10　民居建筑单体（5）

附图 11　民居建筑单体（6）

3 白藏房民居内景

附图 12 白藏房民居内景——客厅（1）

附图 13 白藏房民居内景——客厅（2）

附图 14　白藏房民居内景——卧室（1）

附图 15　白藏房民居内景——卧室（2）

附图 16　白藏房民居内景——厨房（1）

附图 17　白藏房民居内景——厨房（2）

4　白藏房民居建筑构造

附图 18　白藏房民居承重结构（1）

附图 19　白藏房民居承重结构（2）

附图 20　白藏房民居承重结构（3）

附图 21　白臧房民居承重结构（4）

附图 22　白藏房民居承重结构（5）

附图 23　白藏房民居承重结构（6）

5 艺术装饰及彩绘

附图 24 手工木制装饰浮雕

附图 25 手工木制装饰浮雕

附图 26 手工木制装饰浮雕

附图 27 手工木制装饰浮雕

附图 28　手工木制装饰格栅

附图 29　手工木制器具

附图 30　手工木制器具